AF389923

SOCIÉTÉ

DE

L'ALIMENTATION RATIONNELLE

DU BÉTAIL

SOCIÉTÉ

DE

L'ALIMENTATION RATIONNELLE

DU BÉTAIL

COMPTE RENDU DU CINQUIÈME CONGRÈS

(SÉANCES DES 4 ET 6 MAI 1901)

PARIS

IMPRIMERIE NATIONALE

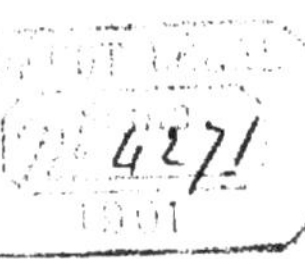

1901

SOCIÉTÉ

DE

L'ALIMENTATION RATIONNELLE

DU BÉTAIL.

BUREAU.

Président d'honneur : M. E. Tisserand, directeur honoraire de l'agriculture, conseiller maître à la Cour des comptes, membre de la Société nationale d'agriculture;

Président : M. Eugène Mir, sénateur de l'Aude, membre du Conseil supérieur de l'agriculture, président du Conseil d'administration de l'Institut national agronomique;

Vice-Président : M. A. Sanson, professeur honoraire de zootechnie à l'Institut national agronomique et à l'École nationale de Grignon;

Secrétaire général : M. A. Mallèvre, professeur de zootechnie à l'Institut national agronomique;

Secrétaire général adjoint : M. H. Baudoin, préparateur répétiteur du cours de zootechnie à l'Institut national agronomique;

Secrétaire-Trésorier : M. Georges Gallo, maire de Croissy-sur-Seine;

Secrétaire-Trésorier adjoint : M. Louis Dubois.

COMITÉ DE DIRECTION.

MM. Arloing, de l'Institut, directeur de l'École de médecine vétérinaire, à Lyon;

H. Baudoin, préparateur répétiteur à l'Institut national agronomique;

J. Bénard, agriculteur à Coupvray (Seine-et-Marne), membre de la Société nationale d'agriculture;

Chauveau, de l'Institut, inspecteur général des écoles vétérinaires, à Paris, président de la Société nationale d'agriculture;

G. Cormouls-Houlès, agriculteur aux Failhades (Tarn);

J. Crevat, agriculteur dans l'Ain;

Dechambre, professeur à l'École nationale d'agriculture de Grignon;

M. Fagot, sénateur des Ardennes, membre du Conseil d'administration de l'Institut national agronomique;

MM. G. Gallo, maire de Croissy-sur-Seine ;

Garola, professeur départemental d'agriculture, à Chartres (Eure-et-Loir) ;

A.-Ch. Girard, professeur à l'Institut national agronomique ;

Grandeau, inspecteur général des stations agronomiques ;

Gustave Huot, agriculteur à Saint-Léger (Aube) ;

Lavalard, membre de la Société nationale d'agriculture, administrateur délégué de la Compagnie des omnibus, à Paris ;

Camille Leblanc, de l'Académie de médecine, médecin vétérinaire ;

Jules Le Conte, conseiller référendaire à la Cour des comptes, propriétaire-éleveur ;

A. Mallèvre, professeur de zootechnie à l'Institut national agronomique ;

Eugène Mir, sénateur de l'Aude, membre du Conseil supérieur de l'agriculture, président du Conseil d'administration de l'Institut national agronomique ;

Müntz, de l'Institut, professeur à l'Institut national agronomique, membre de la Société nationale d'agriculture ;

Louis Passy, député, secrétaire perpétuel de la Société nationale d'agriculture, membre de l'Institut ;

le docteur Regnard, directeur de l'Institut national agronomique, membre de la Société nationale d'agriculture ;

Risler, ancien directeur de l'Institut national agronomique, membre de la Société nationale d'agriculture ;

Sagnier, directeur du *Journal de l'agriculture*, membre de la Société nationale d'agriculture ;

le docteur Saint-Yves-Ménard, directeur du service de la vaccination de la Ville de Paris, membre de la Société nationale d'agriculture ;

le comte de Saint-Quentin, député du Calvados, membre de la Société nationale d'agriculture ;

A. Sanson, professeur honoraire de zootechnie ;

E. Tainturier, membre de la Chambre syndicale du commerce en gros de la boucherie ;

Trisserenc de Bort, sénateur de la Haute-Vienne, membre de la Société nationale d'agriculture ;

E. Tisserand, directeur honoraire de l'agriculture, membre de la Société nationale d'agriculture ;

Marcel Vacher, ancien député de l'Allier, membre de la Société nationale d'agriculture.

RAPPORT

SUR

L'IMPORTANCE PRATIQUE DE LA RELATION NUTRITIVE,

PAR M. ALFRED MALLÈVRE,

PROFESSEUR À L'INSTITUT NATIONAL AGRONOMIQUE.

I. INTRODUCTION.

C'est une vérité aujourd'hui acceptée de tous que les animaux domestiques doivent être envisagés comme des machines à transformer une partie souvent très notable des matières végétales obtenues sur la ferme. De cette façon, des substances végétales ne possédant qu'une valeur économique faible ou nulle, parce qu'elles ne trouvent que peu ou pas de débouchés sur le marché, sont changées en produits de valeur plus grande (viande, lait, laine, etc.) et contribuent par là à augmenter le revenu net, le bénéfice de l'exploitation agricole.

C'est une vérité également bien établie que le fonctionnement plus ou moins avantageux de ces machines vivantes dépend, non pas exclusivement, mais cependant à un très haut degré, de la nature et de la quantité des substances qu'on leur fait consommer. Dans la production zootechnique, l'influence de l'alimentation — c'est d'elle qu'il s'agit en effet — est capitale.

Les animaux devant mettre en valeur, avant tout, les substances végétales grossières ou encombrantes produites dans l'exploitation, il est clair que celles-ci forment la partie fondamentale de l'alimentation et qu'elles sont dans une large mesure imposées à l'agriculteur par le système de culture suivi dans la ferme. Sans doute, la majeure partie de ces aliments comprend toujours à peu près les mêmes substances : herbes de pâturages, de prairies naturelles ou artificielles, foins, pailles, racines, tubercules, résidus éventuels d'industries agricoles. Il n'en est pas moins vrai que, d'une ferme à l'autre et d'une époque à l'autre sur la même ferme, les matières à transformer, c'est-à-dire les aliments disponibles, varient comme nature, comme proportion, comme valeur nutritive.

Pour que la consommation de ces substances végétales par les animaux donne lieu à une transformation avantageuse, l'agriculteur doit savoir les associer à un moment déterminé de façon à composer des rations qui permettent l'obtention de produits zootechniques abondants. Les bénéfices ne se réalisant que sur des produits, l'absence de produits entraînerait nécessairement l'absence de bénéfices. En raison de la variabilité qui se manifeste dans la nature et la proportion des aliments dont il dispose, l'agriculteur se voit donc obligé, pour parvenir à une alimentation convenable, de modifier suivant les saisons, suivant les années, la composition des rations qu'il destine à son bétail.

Mais il y a plus. Ces substances grossières ou volumineuses énumérées tout à l'heure et qui forment la base de la nourriture sont souvent insuffisantes, de quelque façon qu'on les associe, pour conduire à une bonne alimentation. Il se présente alors de nouvelles difficultés à surmonter. Comment remédier à l'insuffisance des rations disponibles? À l'aide de quels aliments les compléter et lesquels choisir pour obtenir non seulement des produits zootechniques abondants, mais encore pour assurer une alimentation économique? Convient-il de prendre les aliments concentrés produits sur la ferme : graines de céréales ou de légumineuses, par exemple; ou bien est-il préférable au contraire d'avoir recours aux aliments concentrés du commerce, graines, farines, sons, tourteaux et autres?

De pareils problèmes se posent à chaque instant devant l'agriculteur et réclament impérieusement une solution. Ce n'est pas à une époque comme celle que nous traversons où les conditions de réussite deviennent sans cesse plus dures par suite de la baisse des prix des produits agricoles que l'agriculteur peut les négliger. Il lui faut au contraire employer toutes les ressources dont il peut tirer parti pour donner à ces problèmes sans cesse renaissants les solutions les plus satisfaisantes.

Dès le moment où les agronomes firent leurs premières tentatives pour mettre les méthodes de recherches scientifiques au service de l'agriculture, c'est-à-dire environ vers le début du xixᵉ siècle, ils se préoccupèrent d'aider les cultivateurs à résoudre de tels problèmes. Ils se firent même quelque illusion sur les difficultés à vaincre : illusion d'ailleurs qu'il ne faut pas regretter. S'ils avaient mesuré du premier coup tous les obstacles à surmonter, ils auraient sans doute reculé devant l'étendue de la tâche à accomplir. Toujours est-il que les agronomes auxquels il est fait allusion crurent avoir trouvé un moyen à la fois très simple et très sûr d'être utiles aux agriculteurs en mettant à leur disposition, sous forme de tables, ce qu'on a appelé « les équivalents en foin ».

Ces équivalents en foin exprimaient les quantités des divers aliments possédant la même valeur nutritive que 100 kilogrammes de foin de pré.

Dès lors rien n'était plus simple que d'opérer des substitutions entre aliments divers, que de rechercher, dès qu'un aliment faisait défaut, comment on pouvait le remplacer par une quantité donnée d'un autre aliment ou par un mélange d'aliments. Rien n'était plus aisé encore que de trouver les aliments concentrés les plus avantageux à faire consommer, que de savoir s'il était plus économique de faire manger des grains produits sur la ferme ou des aliments concentrés offerts sur le marché.

L'agriculteur avait dès lors un guide; malheureusement ce guide était bien peu sûr et l'on ne tarda pas à le reconnaître. Autant d'expériences, autant d'équivalents différents pour un aliment portant le même nom. Autant d'auteurs, autant de tables d'équivalents discordantes. L'agriculteur pouvait faire des calculs, mais sur des bases fragiles. Les équivalents en foin devenaient une source d'erreur. C'est que l'unité choisie comme point de départ dans la recherche des équivalents, le foin de pré, possédait une valeur nutritive des plus variables. C'est qu'il en était de même aussi pour nombre des aliments qu'on comparait à cette unité dépourvue elle-même de toute fixité. C'est qu'enfin l'on ignorait certaines conditions de premier ordre qui interviennent dans la valeur nutritive des rations.

La doctrine des équivalents en foin se montrait manifestement insuffisante, il fallait trouver quelque chose de mieux. C'est en visant ce but, dans une longue série de recherches qui s'échelonnent sur les deux derniers tiers du xix⁰ siècle et se poursuivent encore actuellement, que de nombreux chercheurs ont mis en lumière, nous ne dirions pas tous les facteurs dont dépend la valeur nutritive des aliments, mais sans doute les plus importants d'entre eux.

Le progrès réalisé se résume dans la découverte suivante, lentement édifiée, mais toujours plus solidement établie : la valeur nutritive des rations dépend avant tout de leur composition chimique qualitative et quantitative.

Ce qui détermine en première ligne la valeur d'une substance végétale et l'on peut dire d'une substance quelconque en tant qu'aliment, c'est le fait de renfermer un certain nombre de composés chimiques ou de groupes de composés unis par une étroite parenté chimique qui constituent les principes nutritifs. Ces principes nutritifs sont en nombre relativement très restreint, du moins pour les principaux d'entre eux, pendant que le nombre des aliments est presque illimité. On voit de suite la portée considérable de cette notion. Au lieu d'être aux prises avec quelque chose d'infiniment variable qui est l'aliment, on est au contraire en face d'un petit nombre de principes nutritifs qui gardent certaines propriétés constantes au point de vue de la nutrition des animaux.

Supposez maintenant que, s'aidant des méthodes scientifiques usitées pour ces sortes de recherches, on examine un certain nombre de rations dont l'excellence a été démontrée par les produits obtenus des animaux qui les consomment, qu'on détermine par conséquent la teneur de ces rations en principes nutritifs des diverses catégories; admettez en outre qu'on compose des rations différentes de ces rations éprouvées, en y faisant entrer pour la totalité ou pour une part des aliments autres, mais choisis de telle sorte que les rations nouvelles contiennent les divers principes nutritifs en quantité à peu près égale, on conçoit dès lors que l'on obtienne ainsi des rations possédant à peu près le même effet nutritif que les premières, également bonnes, autrement dit des *rations équivalentes.*

Il est bien entendu qu'un tel résultat ne pourra être atteint que si les rations nouvelles restent adaptées à la structure anatomique de l'appareil digestif de l'espèce animale considérée. Cela va de soi : mais il n'est pas superflu d'en faire la remarque pour bien montrer que, si les principes nutritifs renfermés dans les rations déterminent en première ligne la valeur nutritive de ces dernières, il n'en résulte pas qu'il faille négliger toute autre considération dans la composition des rations. Si l'on veut se garder de méprises désastreuses, il faut s'accoutumer à ne jamais perdre de vue le caractère complexe des problèmes du rationnement.

Sous le bénéfice de cette réserve, il a été possible de fournir aux agriculteurs le moyen d'aborder certaines questions d'alimentation avec un guide moins imparfait que les équivalents en foin. Les principaux auteurs, qui dans les temps relativement récents ont écrit sur l'alimentation du bétail, ont en effet résumé les travaux des expérimentateurs en publiant des tables qui renferment la teneur probable des aliments en divers principes nutritifs ou les données nécessaires pour calculer approximativement cette teneur; de même, en ajoutant des indications approchées sur les quantités des divers principes nutritifs que doivent trouver, dans leurs rations, les animaux domestiques suivant l'espèce, le poids, l'âge et les aptitudes zootechniques exploitées.

Si le progrès réalisé à la suite de la nouvelle direction donnée aux recherches a été grand, si les résultats déjà obtenus méritent sans conteste d'être appréciés et mis à profit par les agriculteurs, il n'en faudrait pas conclure qu'il règne un parfait accord sur toutes les questions relatives à la détermination des rations équivalentes, que toutes ces questions en un mot sont vidées et que l'ère des recherches est close.

Depuis quelque temps il s'est même produit une divergence d'idées assez marquée à propos de l'une de ces questions, pour que la Société de l'alimentation rationnelle du bétail ait cru devoir la faire figurer à son programme. Cette question fait l'objet du présent exposé et concerne *le rapport qui doit exister entre les quantités de principes nutritifs azotés, d'une part, et les quantités de principes non azotés, d'autre part, renfermées dans les rations.*

C'est ce rapport que l'on désigne couramment sous le nom de *relation nutritive;* on le représente schématiquement de la façon suivante :

$$RN = \frac{MA}{MNA},$$

c'est-à-dire

$$\text{Relation nutritive} = \frac{\text{Matières azotées}}{\text{Matières non azotées}}$$

Ajoutons que, moins la quantité de matières non azotées est élevée par rapport à la quantité de matières azotées, plus la relation nutritive est dite *étroite.* Elle est appelée *large* dans le cas opposé. Ainsi la relation nutritive $\frac{1}{8}$ est plus large que la relation nutritive $\frac{1}{5}$ et par contre la relation nutritive $\frac{1}{5}$ est plus étroite que la relation nutritive $\frac{1}{8}$. La relation nutritive d'une ration ou d'un aliment est d'autant plus étroite que la ration ou l'aliment est proportionnellement plus riche en matières azotées, d'autant plus large que la ration ou l'aliment est proportionnellement moins riche en matières azotées.

Pour répondre aux préoccupations du Congrès qui désire voir porter l'attention sur le côté pratique, essayons de montrer d'abord quelle est l'importance pratique de la question envisagée ici.

II. La relation nutritive et l'alimentation économique.

Nous réservant de revenir tout à l'heure sur certains détails, constatons de suite qu'il y a peu de temps encore les auteurs étaient à peu près unanimes pour conseiller l'emploi de rations à relations nutritives moyennes, ni trop étroites, ni surtout trop larges, car c'est du côté des relations nutritives larges que surgit en pratique la difficulté. Suivant les conditions zootechniques, en particulier suivant l'âge des animaux et les aptitudes exploitées, les relations nutritives les plus recommandées restaient comprises entre $\frac{1}{4}$ et $\frac{1}{7}$.

Admettons pour le moment le bien fondé de ces conseils et voyons les conséquences qui en découlent pour la pratique de l'alimentation.

Les substances qui forment la base de la nourriture du bétail sont, avons-nous dit plus haut, des aliments grossiers ou volumineux : herbes de pâturages ou de prairies, foins de prairies naturelles ou artificielles, pailles, racines, tubercules, certains résidus d'industries agricoles. Sauf les herbes jeunes, ces aliments ne peuvent pas, et cela en raison de causes multiples, être absorbés en quantité suffisante pour fournir la somme élevée de principes nutritifs qui, dans la majorité des cas, est nécessaire à l'obtention de produits zootechniques abondants. D'autre part et à l'exception encore une fois des herbes jeunes et aussi des foins de légumineuses, ces aliments ne permettent pas de composer des rations présentant des relations nutritives assez étroites : ils sont pour cela trop pauvres en matières azotées.

Ainsi, si l'on fait abstraction des animaux nourris pendant la belle saison avec des herbes jeunes, par exemple dans de bons pâturages, il faut, et cela surtout pendant l'hiver, avoir recours à des aliments concentrés, peu volumineux :

1° Pour assurer une alimentation suffisamment riche en principes nutritifs envisagés dans leur totalité ;

2° Pour obtenir une relation nutritive convenable.

Comment l'agriculteur se procurera-t-il ces aliments concentrés peu volumineux ?

Il trouve d'abord les grains produits sur sa ferme : graines de céréales, graines de légumineuses et quelques autres. Puis ce sont les aliments concentrés qu'il peut acheter sur le marché : là se rencontrent également des graines de céréales et de légumineuses, mais aussi beaucoup d'autres aliments concentrés, en particulier des résidus d'industrie : de meunerie tels que les sons, d'huilerie comme les tourteaux, de distillerie tels que les drêches desséchées, de sucrerie comme les mélasses, enfin d'autres analogues.

Or tous ces aliments concentrés peuvent être rangés en deux catégories : la première comprend ceux qui sont relativement pauvres en azote, ce sont au premier rang les graines de céréales dont la relation nutritive est ordinairement comprise entre $\frac{1}{5}$ et $\frac{1}{10}$; dans la seconde se trouvent ceux riches en matières azotées ; les graines de légumineuses et de nombreux résidus d'industrie (tourteaux, drêches desséchées, sons, etc.) dont la relation nutritive oscille le plus souvent entre $\frac{1}{5}$ et $\frac{1}{1}$.

S'il s'agissait seulement pour l'agriculteur, en complétant ses rations, de les enrichir en principes nutritifs, il pourrait choisir à son gré dans les deux catégories d'aliments concentrés pauvres ou riches en matières azotées. Il n'aurait à se préoccuper que des conséquences économiques, en cherchant à parfaire ses rations au point de vue physiologique avec le minimum de frais. Mais il lui faut, selon la doctrine classique, rétrécir en même temps la relation nutritive qui d'ordinaire est trop large, c'est-à-dire augmenter la proportion de matières azotées dans les rations. Il se voit dès lors obligé de rejeter en grande partie les aliments concentrés peu riches en azote, c'est-à-dire les graines de céréales avant tout et quelques résidus d'industrie peu azotés pour s'adresser aux graines de légumineuses et aux résidus d'industrie très azotés.

Il peut arriver que des aliments concentrés, riches en azote, fournissent une somme déterminée de principes nutritifs à un prix tel que ce dernier ne soit pas supérieur ou sensiblement supérieur à celui qui résulterait de l'emploi d'aliments concentrés peu azotés. Tout est alors pour le mieux : les rations contiennent des principes nutritifs en quantité suffisante : elles présentent en outre une relation nutritive assez étroite. Elles sont bonnes physiologiquement tout en restant économiques. Bien plus, le fumier qui résulte de leur passage à travers l'organisme des animaux est plus précieux, car il renferme plus d'azote et de matières fertilisantes.

Mais le cas contraire se présente, c'est même le plus fréquent; en effet, de façon générale et malgré les oscillations des prix, les principes nutritifs envisagés dans leur totalité coûtent plus cher dans les aliments concentrés très azotés que dans les graines de céréales, ou, ce qui est la même chose sous une autre forme, les principes nutritifs azotés coûtent plus cher que les principes nutritifs non azotés. Les écarts sont parfois même très notables.

Dès lors, conseiller à un agriculteur de donner à ses animaux des rations à relations nutritives étroites, c'est l'engager souvent ou bien à ne pas faire consommer certaines graines de céréales produites sur sa ferme et ne trouvant qu'un prix peu rémunérateur sur le marché tout en le forçant à acheter des aliments concentrés à titre plus onéreux, ou bien à délaisser les aliments concentrés peu azotés, tels que les graines de céréales, qui peuvent lui être offerts sur le marché à bas prix, pour diriger nécessairement son choix vers les aliments concentrés plus riches en matières azotées et de prix plus élevé.

Sans doute on a raison de recommander les relations nutritives étroites si vraiment l'alimentation s'en trouve améliorée au point que les avantages qui en résultent payent le supplément de dépenses. Mais en est-il bien ainsi dans toutes les circonstances de la pratique zootechnique? Là est la question, et c'est à ce propos que précisément des divergences de vues se sont produites à une époque récente. Ce qui précède suffira, j'espère, pour montrer combien il importe d'être éclairé sur les limites qu'il y a réellement lieu de ne pas franchir en ce qui concerne la relation nutritive. Il ne s'agit pas seulement d'une question théorique, si l'on veut dire par là qu'elle reste confinée dans le domaine de la science pure. La question présente au contraire un intérêt très pratique, dès qu'on veut bien se souvenir que, suivant le sens dans lequel on lui donne une solution, l'agriculteur peut se trouver en position dans bien des cas de réaliser pour son bétail une alimentation plus ou moins économique.

La brièveté qui est imposée à ce rapport préliminaire ne permet pas d'entrer dans une discussion détaillée de la question soulevée ici. Cette discussion approfondie sera l'œuvre du Congrès. Maintenant que nous avons montré l'intérêt du sujet, nous essayerons seulement d'indiquer quelques points de repère dans l'espoir de la rendre aussi fructueuse que possible.

Nous signalerons d'abord les formes adoptées pour l'expression précise de la relation nutritive. Nous examinerons ensuite les principales raisons d'ordre physiologique qui ont amené la très grande majorité des zootechniciens à conseiller l'emploi de rations à relations nutritives plutôt étroites, tout en relevant d'ailleurs certaines objections qui ont été présentées comme étant de nature à mettre en doute, au moins pour certains cas, le bien fondé de cette prescription. Enfin, pour terminer, nous proposerons au Congrès quelques conclusions.

III. Expressions diverses de la relation nutritive.

Nous avons vu que la relation nutritive était le rapport existant entre les matières azotées et les matières non azotées contenues dans la ration. Pour rester bref, nous n'avons pas précisé davantage. Il s'en faut cependant que la façon d'exprimer la relation nutritive soit comprise de même par tous les auteurs.

En réalité, l'expression variable de la relation nutritive reflète plus ou moins fidèlement l'évolution qui s'est produite dans les idées sur le rôle des composés organiques renfermés dans les aliments à mesure que les recherches expérimentales, en apportant des faits jusque-là ignorés, ouvraient des points de vue nouveaux. Comme il ne convient pas de retracer ici cette évolution, il serait sans intérêt de s'étendre sur toutes les notations usitées pour exprimer la relation nutritive. D'ailleurs, il faut bien le reconnaître, aucune de ces notations ne semble présenter sur les autres un degré de supériorité tel qu'il soit indiqué de lui donner exclusivement la préférence. Chacune de ces notations tient en effet compte de faits importants et en néglige d'autres qui peuvent le devenir également.

Pour s'entendre il est sans doute nécessaire d'adopter l'une de ces notations ; car, selon la notation suivie, la relation nutritive prend une valeur numérique quelque peu différente pour un même aliment ou une même ration. Il s'agit là surtout d'une convention à établir. D'ailleurs, en changeant de notation pour la relation nutritive, on peut bien déplacer en apparence les limites à prescrire pour les relations nutritives des rations : on ne supprime point l'intérêt qui réside dans l'étude de ces limites : le problème examiné dans le présent rapport n'en subsiste pas moins.

Quelques zootechniciens ont persisté à calculer la relation nutritive en se basant sur la teneur des aliments en matières azotées brutes et en matières non azotées brutes telle que la révèle l'analyse chimique des aliments. On a alors pour la relation nutritive l'expression suivante :

$$RN = \frac{\text{Matières azotées brutes}}{\text{Matières grasses brutes} + \text{Extractifs non azotés bruts} + \text{Cellulose brute}},$$

ou bien encore, en laissant de côté la cellulose comme on l'a également proposé :

$$RN = \frac{\text{Matières azotées brutes}}{\text{Matières grasses brutes} + \text{Extractifs non azotés bruts}},$$

La plupart des auteurs au contraire, se fondant sur ce que seule la partie digestible des matières renfermées dans les aliments contribue à la nutrition de l'organisme, ont renoncé à faire figurer les composés organiques bruts dans la relation nutritive pour les remplacer par leur partie digestible, c'est-à-dire par les principes nutritifs digestibles. La relation nutritive devient alors :

$$RN = \frac{\text{Matières azotées digestibles}}{\text{Matières grasses digestibles} + \text{Extractifs non azotés digestibles} + \text{Cellulose digestible}},$$

ou bien, comme la partie digestible des extractifs non azotés et de la cellulose brute est constituée avant tout par des matières hydrocarbonées :

$$RN = \frac{\text{Matières azotées digestibles}}{\text{Matières grasses digestibles} + \text{Matières hydrocarbonées digestibles}}.$$

Ce n'est cependant pas sous cette forme encore que la relation nutritive est le plus généralement formulée. On l'a modifiée de nouveau en faisant intervenir la réflexion suivante. Les matières grasses ont sous le même poids une valeur nutritive supérieure aux matières hydrocarbonées. Des expériences nombreuses montrent que cette supériorité tient à la provision plus grande d'énergie que renferment les matières grasses. Un poids donné de matières grasses peut, par son oxydation dans l'organisme, dégager 2.4 fois plus environ d'énergie que le même poids de matières hydrocarbonées et sa valeur nutritive serait également à peu près 2.4 fois plus grande. On a dès lors multiplié les matières grasses digestibles par le facteur 2.4 avant de les introduire dans la relation nutritive. D'où cette autre expression :

$$RN = \frac{\text{Matières azotées digestibles}}{\text{Matières grasses digestibles} \times 2.4 + \text{Matières hydrocarbonées digestibles}}.$$

Cette notation est de beaucoup la plus répandue actuellement. Elle est au moins familière à tous; pour cette raison surtout nous conviendrons de la suivre dans le présent exposé toutes les fois que nous aurons à énoncer des valeurs numériques de la relation nutritive.

Plus récemment, après avoir reconnu que certaines des matières azotées digestibles des aliments n'étaient pas constituées par des matières azotées albuminoïdes et ne pouvaient pas jouer exactement le rôle de ces dernières dans la nutrition générale, après avoir constaté aussi que la cellulose digestible subissait des modifications profondes du fait de la digestion microbienne, on a, de divers côtés, proposé de nouveaux changements dans l'expression de la relation nutritive. Je signale la chose sans y insister davantage. Encore une fois, les raisons invoquées pour motiver ces changements ont leur importance. Elles ne suffisent pas, cependant, pour conduire à une expression de la relation nutritive qui s'impose de préférence à toutes les autres notations.

Quelles sont maintenant les raisons dominantes qui ont déterminé la plupart des zootechniciens à conseiller des relations nutritives comprises entre $\frac{1}{4}$ et $\frac{1}{7}$? Quelles sont en outre les objections qui tendent à faire croire qu'on peut, dans certains cas, s'écarter de ces limites en élargissant les relations nutritives?

Il convient, pour bien se rendre compte à la fois de ces raisons et de ces objections, d'examiner l'importance de la relation nutritive successivement au point de vue de fonctionnement de l'appareil digestif et ensuite au point de vue de la nutrition générale.

IV. La relation nutritive et le fonctionnement de l'appareil digestif.

L'appareil digestif sert à extraire des aliments les principes nutritifs et à les faire passer, après les modifications plus ou moins marquées, dans la circulation générale où ils peuvent être utilisés pour les besoins de l'organisme. Si les animaux doivent tirer le meilleur parti de leur nourriture, il importe que l'appareil digestif remplisse bien son rôle et ne laisse dans les aliments qu'une quantité aussi faible que possible de principes nutritifs non utilisés et dès lors rejetés par la voie rectale. Or les nombreuses recherches consacrées à l'étude de la digestibilité des aliments ont montré que les proportions relatives de matières azotées et de matières non azotées contenues dans les rations, autrement dit que la relation nutritive, avaient une influence notable sur l'épuisement plus ou moins complet des aliments par le tube digestif. C'est ainsi que la digestibilité augmente quand la relation nutritive devient plus étroite et diminue dans le cas contraire. Pour nos ruminants domestiques en particulier, bœufs, moutons, on a prouvé que l'addition de sucre ou d'amidon, c'est-à-dire de matières non azotées à la ration, avait pour résultat de diminuer la digestibilité des aliments grossiers formant la base de la ration. Pour éviter cette dépression de la digestibilité qui va en augmentant à mesure que s'élargit la relation nutritive, on conseille précisément de ne pas donner de rations à relation nutritive plus large que $\frac{1}{7}$.

On a fait cependant remarquer qu'on avait parfois exagéré l'importance de la relation nutritive à cet égard, en faisant ressortir les points suivants. D'abord la dépression de la digestibilité, déterminée par des relations nutritives larges, varie avec les espèces animales considérées. Elle varie avant tout avec la conformation anatomique de leur appareil digestif, d'où dépend à son tour la part plus ou moins grande qui revient à la digestion microbienne. C'est chez les ruminants que cette dépression de la digestibilité est le plus à craindre. Chez les chevaux, elle se fait déjà moins sentir pour des relations nutritives égales et enfin, chez les porcs, elle n'est pas sensible avec une relation nutritive de $\frac{1}{9}$ et reste faible encore avec des relations nutritives de $\frac{1}{10}$ à $\frac{1}{12}$. Il convient donc de reconnaître qu'en ce qui concerne la digestibilité plus ou moins parfaite des rations sous l'influence de la relation nutritive il y a lieu de faire des distinctions suivant les groupes d'animaux domestiques considérés : ruminants, chevaux ou porcs.

Bien qu'en recommandant des relations nutritives suffisamment étroites on ait surtout en vue la digestibilité maxima des aliments ingérés, il existe encore, vis-à-vis du fonctionnement de l'appareil digestif, d'autres raisons qui militent en faveur des relations nutritives étroites. L'une d'entre elles mérite d'être rappelée. Dans la pratique zootechnique, il importe souvent que les animaux reçoivent une nourriture aussi abondante que possible. Cela ne veut pas dire seulement qu'ils doivent absorber des aliments à volonté, mais encore que la nourriture consommée doit laisser dans l'organisme une somme aussi élevée que possible de principes nutritifs. À ce point de vue, la relation nutritive peut aussi intervenir. Ce ne sont pas, en effet, les mêmes agents qui, dans le tube digestif, extraient les divers principes nutritifs, azotés et non azotés, et les mettent sous une forme qui rend possible leur absorption. Des expériences ont montré que plus les principes nutritifs renfermés dans les aliments consommés étaient variés et plus le tube digestif pouvait, en un temps donné, faire passer de ces principes nutritifs dans la circulation générale, plus la nutrition pouvait être intense. C'est que sans doute, de cette façon, la puissance digestive se trouve portée à son maximum.

La remarque qui précède ne manque pas de justesse. La portée pratique s'en trouve cependant restreinte par les considérations qui suivent. Il convient, en ce qui concerne la plus ou moins grande facilité avec laquelle le tube digestif accomplit son travail, de tenir compte de l'état des principes nutritifs renfermés dans les aliments. Si les principes nutritifs sont donnés aux animaux sous la forme où ils subissent l'absorption intestinale ou sous une forme très voisine, on peut en faire consommer des quantités très fortes sans crainte de troubles dans le fonctionnement de l'appareil digestif. C'est ainsi que peuvent s'expliquer, par exemple, les résultats obtenus dans certaines expériences où les animaux recevaient des doses fort élevées de sucre. La préparation des aliments, l'espèce de cuisine à laquelle on les soumet, a des effets du même ordre. Elle facilite aux agents de la digestion leur besogne et dès lors recule la limite de la puissance digestive de l'animal, en agrandissant cette puissance. N'est-ce pas là, entre autres, l'action de la cuisson sur les aliments riches en amidon ? On pourrait présenter des réflexions analogues pour d'autres modes de préparation des aliments. Ainsi, à la condition de donner les aliments sous une forme facilement accessible à l'action des agents de la digestion, on peut arriver à faire absorber de très fortes quantités de principes nutritifs, même avec des rations à relation nutritive large. Assurément certains procédés de préparation, la cuisson par exemple, ne peuvent être recommandés pour tous les animaux indistinctement. D'une façon générale, quand les grands herbivores domestiques ont encore à fournir une longue carrière, l'emploi généralisé d'aliments cuits peut avoir des inconvénients. Il n'en est pas moins vrai que pour certains cas, tels que celui de l'engraissement, l'emploi d'un procédé comme la cuisson peut favoriser l'absorption de rations abondantes à relations nutritives larges et permettre d'en obtenir pratiquement de bons résultats. C'est un fait qu'il ne faut pas perdre de vue dans l'étude de la relation nutritive.

Faisant maintenant abstraction de l'appareil digestif, examinons la relation nutritive dans ses rapports avec la nutrition générale.

V. La relation nutritive et la nutrition générale.

Alors même que la relation nutritive resterait sans influence sur le fonctionnement de l'appareil digestif (ce qui, nous venons de le voir, n'est pas le cas), elle ne cesserait pas pour cela de conserver une réelle importance. Il n'est pas indifférent, en effet, au point de vue de la nutrition, que les aliments fournissent à l'organisme des principes nutritifs quelconques, azotés ou non azotés. Les recherches physiologiques ont établi qu'en toutes circonstances l'organisme devait recevoir, pour assurer son fonctionnement normal, une certaine quantité de matières azotées albuminoïdes digestibles. La quantités de matières azotées nécessaire est d'ailleurs plus ou moins élevée suivant l'âge des animaux et suivant les aptitudes exploitées.

Les zootechniciens ont tenu compte de ces faits en prescrivant des relations nutritives étroites, voisines de $\frac{1}{4}$, pour les animaux les plus jeunes, pendant cette période de croissance active où l'organisme est en état de fixer le maximum de matière azotée. Pour les mêmes raisons, on recommande encore des relations nutritives étroites pour les femelles laitières qui chaque jour, par le lait secrété, enlèvent de fortes quantités de matière azotée à l'organisme. Par contre, des relations nutritives plus larges, s'approchant de la limite $\frac{1}{7}$ ou même la dépassant quelque peu, sont regardées comme suffisantes pour les animaux qui ont dépassé la période de croissance active, qu'il s'agisse d'animaux à l'engrais ou d'animaux exploités comme moteurs.

Dans leur ensemble, les considérations qui précèdent sur les rapports de la relation nutritive avec la nutrition générale reposent sur des bases solides. Cependant, si l'on entre dans le détail, et il faut bien le faire quand on examine des questions qui ont une portée pratique, il est aisé de reconnaître que la formule qui assigne à la relation nutritive des limites comprises entre $\frac{1}{4}$ et $\frac{1}{7}$ n'épuise pas le problème examiné en ce moment. Il nous serait aisé de citer des expériences qui tendent à montrer que des relations nutritives plus larges que $\frac{1}{7}$ ont donné des résultats aussi satisfaisants que des relations nutritives plus étroites. Nous reviendrons au besoin sur ces expériences quand la question sera examinée devant le Congrès. Nous nous contenterons pour l'instant d'appeler l'attention sur un point qui ne manque pas d'intérêt pratique.

La relation nutritive vise simplement les quantités relatives de matières azotées et de matières non azotées contenues dans les rations : elle ne dit rien des quantités absolues. Or, pour la nutrition générale, ces quantités absolues importent à un haut degré. Que la ration devienne plus abondante en principes nutritifs et la relation nutritive pourra s'élargir, sans que pour cela la quantité absolue de matière azotée mise à la disposition de l'organisme aille en diminuant. Si, d'ailleurs, l'organisme trouve dans la circulation générale toute la matière azotée qu'il est susceptible d'utiliser et qui ne peut être remplacée par des matières non azotées, on conçoit qu'il devienne indifférent au point de vue de l'effet nutritif final que la relation nutritive soit dans de certaines limites plus ou moins large. C'est, du moins, ce que l'on a prétendu au nom de certaines expériences. Ainsi, des vaches laitières, très fortement nourries, pourraient recevoir sans inconvénient leurs aliments concentrés sous forme de graines de céréales, relativement pauvres en azote, parce que, en raison des fortes quantités consommées, la matière azotée digestible se trouve toujours en poids suffisant pour faire face à la réparation des tissus et à la sécrétion lactée.

On pourrait, toujours en invoquant des expériences, étendre cette argumentation aux animaux en période de croissance. Une certaine quantité de matière azotée est nécessaire pour assurer la croissance maxima des animaux. Cette quantité atteinte, il serait sans effet pour la croissance de rétrécir la relation nutritive; les matières azotées que l'on ajouterait à la ration ne pourraient plus que provoquer un dépôt de matière grasse ou fournir de la chaleur en se décomposant et s'oxydant jusqu'aux produits ultimes d'excrétion. Tous les groupes d'animaux domestiques ne se comportent cependant pas tout à fait de même sous ce rapport : il en est de très malléables, comme les porcs, chez lesquels l'influence des relations nutritives plus ou moins étroites se traduit beaucoup plus nettement par un dépôt plus ou moins abondant de matières azotées dans l'organisme.

C'est incontestablement pour les animaux voisins de l'âge adulte et à l'engrais que les relations nutritives peuvent être élargies avec le moins de risques. Tout se passe, en effet, comme si les matières azotées et les matières non azotées étaient susceptibles de provoquer indifféremment un dépôt de matière grasse dans le corps de l'animal.

Pour les animaux de travail, pour les chevaux en particulier [1], on possède également des expériences qui semblent prouver que des relations nutritives larges peuvent être sans inconvénient. Cela se comprend facilement si l'on songe qu'il est aujourd'hui bien démontré que les matières non azotées digestibles comme les matières azotées digestibles des aliments constituent des sources de l'énergie musculaire. Il ne faut pas oublier cependant que le travail musculaire très intense peut déterminer une augmentation sensible de la désassimilation de la matière azotée du muscle et que, dès lors, pour les animaux soumis à un tel travail, il peut devenir dangereux d'élargir la relation nutritive.

Nous reconnaissons en somme que l'influence de la relation nutritive, tant sur la nutrition générale que sur le fonctionnement de l'appareil digestif, est très complexe et souvent difficile à prévoir. C'est en raison de ce fait que nous proposerons au Congrès les conclusions suivantes :

VI. Conclusions.

1° En conseillant l'emploi de rations à relations nutritives plutôt étroites, comprises suivant les cas entre $\frac{1}{4}$ et $\frac{1}{7}$, les zootechniciens ont obéi à des raisons sérieuses et multiples. Ils ont été frappés surtout de ce fait que, au point de vue physiologique, il ne pouvait pas y avoir d'inconvénients à maintenir les relations nutritives dans les limites qu'ils ont prescrites, alors qu'il en peut résulter de très grands quand on les franchit en élargissant la relation nutritive. Si des considérations d'ordre économique n'intervenaient pas, il n'y aurait donc pas lieu de mettre en doute et de discuter le bien fondé de ces prescriptions. Ces dernières sont de nature à faire face dans la mesure du possible à toutes les exigences physiologiques. Aussi les avantages que présentent les relations nutritives étroites ne doivent-ils pas être méconnus par les agriculteurs. Les prescriptions classiques conservent un intérêt indéniable. Quand des rations à relations nutritives larges ne donnent pas les résultats qu'on se croit en droit d'attendre, ce serait une faute de ne pas se demander

---

[1] Il convient de rappeler ici que, lors du Congrès international tenu en 1900 et organisé par la Société de l'alimentation rationnelle du bétail, M. Lavalard a traité, avec sa compétence habituelle en matière d'hippologie, la question de la relation nutritive dans l'alimentation du cheval. (Voir dans le volume des comptes rendus du Congrès international de l'alimentation du bétail, le rapport de M. Lavalard et la discussion qui s'y rattache.) Tout en mettant en garde contre les relations nutritives très larges, M. Lavalard conclut que la relation nutritive peut varier sans inconvénient entre $\frac{1}{6}$ et $\frac{1}{10}$ lorsqu'il s'agit d'alimenter des chevaux adultes fournissant un travail assez considérable. Dans la discussion qui a suivi l'exposé de M. Lavalard, j'ai cru devoir insister sur la différence existant entre la conclusion émise par M. Lavalard et les prescriptions qu'on peut lire dans les ouvrages traitant de l'alimentation et publiés il y a seulement dix à quinze ans. On recommandait formellement alors des relations nutritives très étroites, plus étroites que $\frac{1}{6}$. Sous l'influence des recherches expérimentales récentes, il s'est produit une tendance nouvelle, qui consiste à se montrer moins rigide vis-à-vis de la relation nutritive et à reconnaître l'efficacité de rations à relations nutritives plus larges que celles imposées jadis.

si l'on n'améliorerait pas leur effet nutritif en les enrichissant en matière azotée, c'est-à-dire en rétrécissant la relation nutritive.

2° Il est cependant certain que l'agriculteur ne peut le plus souvent parvenir à rétrécir les relations nutritives sans faire des sacrifices pécuniaires. Fréquemment, à la condition de se contenter de relations nutritives plus larges que celles ordinairement prescrites, il pourrait composer à de moindres frais des rations renfermant la même somme totale de principes nutritifs digestibles. Dès lors il ne suffit plus à l'agriculteur de savoir que les relations nutritives étroites contribueront à lui fournir de bonnes rations physiologiques, il veut en outre, et avec raison, qu'on lui dise s'il ne peut pas parvenir à un résultat aussi satisfaisant avec des relations nutritives plus larges, pouvant lui assurer une alimentation plus économique pour son bétail et par conséquent un profit plus élevé sur ses opérations zootechniques.

Des expériences physiologiques, d'une part, des observations pratiques, d'autre part, semblent montrer nettement que dans certains cas au moins on peut employer sans inconvénient des relations nutritives élargies au delà de la limite indiquée plus haut. Par contre il est difficile de préciser jusqu'à quel point l'on peut s'engager dans cette voie. Il est bien possible, grâce à nos connaissances actuelles, de prévoir que l'usage de relations nutritives larges présentera le minimum d'inconvénients physiologiques pour les animaux adultes à l'engrais et pour les animaux utilisés comme moteurs [1]. Mais c'est à peu près tout. Par suite de l'intérêt économique que la question présente éventuellement, elle mérite d'être soumise à de nouvelles et plus complètes études. On est même en droit d'avancer qu'il sera à peu près impossible de poser des règles générales à son égard, tant l'influence de la relation nutritive se traduit par des effets nombreux et complexes. La véritable voie à suivre consiste à avoir recours à des expériences *bien conduites* toutes les fois que le prix peu élevé de certains aliments est de nature à faire espérer que leur introduction dans l'alimentation des animaux domestiques peut être avantageuse, alors même que cette introduction aurait pour résultat d'élargir sensiblement la relation nutritive. C'est en somme à l'expérience directe qu'il faut s'adresser et à *l'expérience directe faite dans les conditions mêmes de la pratique zootechnique.* Ceci m'amène à présenter une dernière remarque.

On pourrait être étonné que nous n'insistions pas davantage sur l'utilité qu'offriraient des recherches de laboratoire instituées dans le but d'étendre nos connaissances sur la nature des principes nutritifs renfermés dans les aliments et sur la façon dont ces principes nutritifs se comportent dans l'organisme. Ce n'est pas que de telles recherches soient dénuées de valeur à l'égard du problème qui nous occupe. Mais il faut bien reconnaître qu'à l'ordinaire elle ne suffisent pas pour nous fournir des solutions pratiques. Pour donner des résultats suffisamment nets, les expériences toujours délicates sur le rôle des principes nutritifs doivent souvent être faites dans des conditions spéciales qui s'éloignent des conditions de la pratique zootechnique. Il y a dès lors danger à transporter avec toutes leurs conséquences dans le domaine de la pratique les résultats obtenus dans ces

---

[1] Pour les animaux adultes destinés à l'engraissement ou utilisés comme moteurs, on peut élargir les relations nutritives jusqu'à $\frac{1}{10}$, à la condition d'ailleurs que les rations soient facilement digestibles.

conditions spéciales. La grande valeur des recherches de laboratoire est de nous fournir les indices des directions dans lesquelles nous avons des probabilités de trouver des solutions avantageuses pour la pratique. Et ce n'est pas là un mince avantage. Les expériences réclamées ici et exécutées dans les conditions de la pratique agricole sont toujours coûteuses en raison de leur durée, du grand nombre d'animaux nécessaires et du personnel indispensable. Il importe donc qu'on ne les tente qu'avec des chances sérieuses de réussite. Les connaissances qui résultent des recherches sur la physiologie de la nutrition nous aident précisément dans ce sens.

On pourrait enfin croire qu'en préconisant des expériences faites dans les conditions de la pratique nous entendons par là que l'agriculteur doit instituer lui-même les essais et les conduire à ses risques et périls. Telle n'est pas notre pensée; à part des exceptions rares, l'agriculteur ne se trouve pas dans des conditions favorables pour mener à bien de telles expériences. Il ne dispose pas de la somme de temps considérable qu'elles réclament. Le plus souvent aussi, il n'a pas les connaissances techniques requises. C'est donc aux collectivités, c'est-à-dire à l'État ou mieux encore à des sociétés particulières subventionnées par les intéressés, qu'il convient de fournir à des personnes capables les ressources nécessaires pour organiser de telles expériences. Il existe déjà de pareilles institutions qui fonctionnent à l'heure actuelle dans divers pays, notamment à l'étranger. Mais que chacun regarde autour de soi; il pourra constater qu'elles sont encore peu nombreuses ou souvent privées de moyens pécuniaires suffisants. Il est à souhaiter que la discussion qui s'élèvera au sein du Congrès ait pour résultat d'en provoquer l'extension ou même la création. Les problèmes que nous examinons recevraient au fur et à mesure des besoins des solutions satisfaisantes.

RAPPORT

SUR

LA VALEUR ALIMENTAIRE DE L'AJONC,

PAR M. A.-CH. GIRARD.

PROFESSEUR À L'INSTITUT AGRONOMIQUE, MEMBRE DE LA SOCIÉTÉ NATIONALE D'AGRICULTURE.

L'ajonc (jonc marin, landier, janie, jaunet, genêt épineux) croît spontanément dans les forêts, mélangé avec les fougères, les genêts ou les bruyères, ou bien couvre à lui seul de vastes étendues désignées sous le nom de landes ; on le rencontre surtout en Bretagne, Normandie, Vendée, Sologne, Touraine, Berry, Poitou, Limousin, Périgord, etc., en général dans les formations granitiques.

Dans un travail d'ensemble, publié dans les *Annales agronomiques* de M. Dehérain, nous avons mis en relief les services qu'il peut rendre à l'exploitation agricole comme engrais et comme litière. Nous ne nous occuperons ici que de son emploi dans l'alimentation du bétail.

C'est dans les départements de l'Ouest, et particulièrement en Bretagne, que l'introduction de l'ajonc dans les rations est une pratique courante et fort ancienne. Souvent on se contente d'utiliser l'ajonc venu spontanément dans les landes, en le faisant pâturer ou en récoltant à la faucille les jeunes pousses de l'année. Dans certaines régions, aux environs de Roscoff par exemple, on voit — c'est même là un aspect tout à fait particulier du pays — les innombrables murs de clôture recouverts de terre au sommet et occupés par de l'ajonc, semé là en vue précisément d'en tirer pour les chevaux une nourriture d'hiver. Enfin, on rencontre dans le Finistère, le Morbihan et les Côtes-du-Nord des champs entiers où l'ajonc est cultivé comme une prairie artificielle, comme une luzernière.

De toutes façons, la récolte se place de novembre à mars ; à partir de cette époque, la floraison commence ; l'ajonc n'est plus avantageusement consommé, à cause de son amertume et de la dureté de ses tiges.

C'est surtout aux chevaux qu'on distribue l'ajonc ; mais on le donne aussi avec avantage aux vaches laitières et aux bœufs ; les moutons et les porcs mêmes, d'après M. Heuzé, ne le dédaignent pas.

L'ajonc est hérissé d'épines ; pour pouvoir l'utiliser, on est obligé de le soumettre à une sorte de pilage qui émousse les piquants.

Cette opération se pratique, en Bretagne, soit au moyen de roues ou meules en pierre, analogues à celles dont on se sert pour la fabrication du cidre, soit à bras, à l'aide de pilons ou d'instruments en forme de haches, soit aujourd'hui à l'aide de machines spéciales, semblables aux hache-pailles, appelées «broyeurs d'ajonc». Ces machines, dont M. le comte de Troguindy est un des principaux initiateurs, font un excellent travail, en ce sens qu'elles transforment la plante en une sorte de pulpe dépourvue de piquants ; mais, au dire de personnes très compétentes qui les ont expérimentées, il est à désirer que nos constructeurs s'efforcent de les améliorer encore au point de vue du rendement et du prix de revient du travail. Telles qu'elles sont, leur emploi réalise sur le travail à bras de très sérieux avantages.

L'emploi de l'ajonc dans l'alimentation du bétail n'a pas, à notre connaissance, franchi les limites de la région, assez limitée, où il a pris naissance, et, dans la région même où il s'est généralisé, on paraît assez mal fixé sur la valeur exacte de ce fourrage. Si, en effet, on consulte les auteurs, si on interroge les praticiens, on est frappé de la divergence et du manque de précision des opinions exprimées. Ceux-ci estiment que l'ajonc équivaut aux foins des prairies naturelles et artificielles ; il en est même qui le disent supérieur à celui-ci et vont jusqu'à le comparer à l'avoine. Ceux-là le considèrent surtout comme un aliment rafraîchissant et donnant aux chevaux un poil luisant, mais lui attribuent une faible valeur alimentaire. D'autres, enfin, ne veulent voir dans l'ajonc qu'un fourrage des plus médiocres, comparable à peine à la paille.

Ces divergences d'opinions existeront tant qu'on ne viendra pas substituer à des observations vagues et empiriques des faits et des chiffres exacts, déduits d'expériences méthodiquement conduites.

Ces considérations nous ont engagé à entreprendre des recherches complètes sur l'ajonc au point de vue spécial de sa valeur alimentaire.

1° Composition chimique.

Nous ne connaissons qu'un très petit nombre d'analyses de l'ajonc épineux, et il est difficile, avec les données actuelles, de se faire une idée d'ensemble sur la composition générale de cette plante, considérée au point de vue fourrager. Afin d'établir une moyenne ayant une réelle valeur, il est indispensable d'opérer sur le plus grand nombre possible d'échantillons de provenances très diverses. Tel a été notre premier objectif, et nous avons pu le réaliser grâce à l'obligeance des agriculteurs des régions variées où cette plante croît en abondance.

Voici le tableau de ces analyses :

PROVENANCE.	EAU.	CENDRES.	MATIÈRES GRASSES.	MATIÈRES AZOTÉES.	EXTRACTIFS NON AZOTÉS.	CELLULOSE.
I. Morbihan............	63.18	1.35	1.01	4.73	21.18	8.55
II. Idem..............	65.38	1.07	0.79	3.87	18.16	10.73
I. Finistère..........	59.51	1.35	0.96	4.20	22.18	11.80
II. Idem.............	61.92	1.91	.0.80	3.16	20.09	12.12
III. Idem.............	55.25	1.19	1.05	3.97	23.96	14.58
IV. Idem.............	46.77	1.12	1.26	4.96	28.02	17.87
Vendée..........	55.25	1.19	1.05	3.97	23.96	14 58
Dordogne..........	60.00	1.07	0.69	3.26	19.03	15.95

PROVENANCE.	EAU.	CENDRES.	MATIÈRES GRASSES.	MATIÈRES AZOTÉES.	EXTRAC-TIFS NON AZOTÉS.	CELLULOSE.
I. Maine-et-Loire.......	34.72	1.54	1.54	5.26	38.52	18.42
II. *Idem*.............	51.45	1.17	0.87	3.76	28.56	14.19
I. Loire-Inférieure......	50.58	1.80	0.83	5.91	27.80	13.08
II. *Idem*............	39.33	1.34	0.97	5.24	32.74	20.38
I. Côtes-du-Nord.......	40.40	1.29	0.91	5.48	33.44	18.48
II. *Idem*............	48.80	1.52	0.82	5.28	28.72	14.86
III. *Idem*............	42.40	2.52	0.79	5.15	35.75	13.39
Haute-Vienne.......	41.50	1.94	0.81	6.26	34.45	15.04
I. Tarn.............	58.00	1.61	0.69	4.35	22.29	13.06
II. *Idem*............	65.00	1.84	0.70	3.31	18.13	11.02
III. *Idem*............	52.00	1.71	0.69	5.43	24.92	15.25
Eure.............	62.00	2.92	0.82	3.37	18.09	12.80

Bien qu'on puisse relever quelques écarts de chiffres, dus souvent au taux d'humidité plus ou moins élevé de la plante, on constate une assez grande fixité de composition, et nous ne voyons pas les oscillations énormes que nous avons eu l'occasion d'observer, par exemple, dans nos études sur les foins et les luzernes. C'est qu'en effet l'ajonc végète partout dans des sols à peu près identiques, de mêmes formations géologiques, caractérisés par la même pauvreté en principes fertilisants ; il emprunte la plus grande partie de son azote à l'air libre, comme toutes les légumineuses ; il n'est soumis à aucune des pratiques culturales qui ont une influence si marquée sur la composition des végétaux.

Il nous est permis, à l'aide de ces vingt analyses d'échantillons provenant de dix départements différents, d'établir avec quelque certitude une moyenne de composition :

Eau..: 52.67 p. 100.
Matières minérales 1.57
   — grasses.. 0.90
   — azotées.. 4.55
Extractifs non azotés 25.99
Cellulose.. 14.32

Le taux d'*humidité* est peu élevé ; il oscille de 35 à 65 p. 100, avec une moyenne de 53 p. 100 ; ces variations peuvent tenir à la dessiccation pendant le transport des échantillons, mais elles dépendent surtout de l'état de croissance de la plante et de son âge, la jeune pousse étant plus turgescente, plus tendre que les souches âgées et lignifiées. A ce point de vue, il est certain qu'il y a avantage à soumettre l'ajonc à des coupes régulières, à une sorte d'assolement, de manière à ne récolter que les pousses de l'année, moins dures et moins coriaces.

Le taux des *matières minérales* est relativement faible, ce qui n'a rien de surprenant, étant donnée la pauvreté des sols où végète ordinairement l'ajonc. Nous avons précédemment indiqué la composition de ces matières minérales et montré que la potasse y est l'élément dominant.

Les *matières grasses* sont peu abondantes ; extraites par épuisement à l'éther, on sait qu'elles contiennent beaucoup de chlorophylle et que ce dosage laisse à désirer.

Les *matières azotées*, les plus importantes au point de vue alimentaire, sont dans une proportion moyenne de 4.5 p. 100, avec des variations de 3.5 à 6 p. 100. Dans les fourrages, ces matières, évaluées en multipliant le taux d'azote par 6.25, comprennent souvent, à côté des albuminoïdes proprement dits, des proportions plus ou moins élevées de matières amidées, dont le rôle dans l'alimentation est très restreint. Il faut donc toujours — c'est un principe sur lequel nous avons depuis longtemps l'habitude d'insister — faire la distinction des albuminoïdes et des non-albuminoïdes. Le procédé de dosage qui semble donner les meilleurs résultats est celui de Stutzer, à l'hydrate de cuivre ; appliqué à plusieurs échantillons d'ajoncs, il nous a donné en moyenne :

Matière azotée albuminoïde. . . . . 4.49 p. 100.
— non albuminoïde. 0.27
— totale. 4.76

La matière azotée de l'ajonc est donc presque tout entière à l'état albuminoïde ; la proportion d'amide n'atteint pas en moyenne 6 p. 100 de la matière azotée totale, avec des variations de 4 à 8 p. 100, alors que dans certains fourrages, les luzernes par exemple, elle dépasse de beaucoup ce chiffre. Cette constatation est tout à l'avantage de l'ajonc.

La *cellulose brute* atteint en moyenne le chiffre élevé de 14.32 p. 100, avec des variations de 11 à 20 p. 100 qui tiennent à l'âge de la plante, à son état d'humidité, et, comme nous le verrons, à la proportion des tiges par rapport aux piquants. L'ajonc est un fourrage ligneux et dur ; c'est là sa caractéristique.

Le groupe des *matières hydrocarbonées*, qu'on est convenu d'appeler *extractifs non azotés*, suivant l'expression introduite par la science allemande, appelle quelques explications. Nous avons, à maintes reprises, fait observer combien cette expression est vague et fallacieuse ; tout d'abord, le dosage de ces corps qui constituent environ le quart de la plante, effectué par différence, est, comme tous les dosages de cette nature, extrêmement défectueux, puisqu'il supporte toutes les erreurs d'analyses. De plus, on comprend sous la même dénomination des corps très variés, qui, s'ils correspondent presque tous à la catégorie des hydrates de carbone, n'en sont pas moins très différents les uns des autres par leurs propriétés chimiques et — ce qui nous intéresse plus ici — par leur valeur alimentaire. On distingue, en effet, dans les fourrages herbacés, les sucres intégralement utilisables par l'organisme, des traces de substances amylacées, puis une classe de corps donnant par saccharification des glucoses réducteurs. Ces corps saccharifiables comprennent principalement des gommes ; les unes, telles que les galactanes, fournissent des hexoses ; les autres, telles que les gommes de bois ou xylanes, donnent des pentoses ; enfin, il existe un mélange des deux, des hexopentosanes, auxquels les corps pectiques, d'après nos recherches et celles d'autres chimistes, semblent se rattacher.

Le groupe des extractifs non azotés ne comprend pas seulement des hydrates de carbone ; il comprend encore des acides organiques combinés aux bases et particulièrement à la potasse.

Il est impossible, dans l'état actuel de nos connaissances, de faire la distinction et surtout le dosage exact de tous les principes immédiats des végétaux. On peut doser seulement, et avec une certaine approximation, les sucres, les pentosanes, les corps pectiques. Ces dosages, effectués sur différents échantillons d'ajoncs, nous ont donné les résultats suivants, rapportés à l'ajonc avec son humidité moyenne de 53 p. 100 :

		MOYENNE.
Sucres	1.0 à 1.8 p. 100.	1.25 p. 100.
Pentosanes	8.0 à 10,0	8.74
Corps pectiques	1.1 à 1,2	1.62

Si on totalise ces matières dosées séparément, on arrive au chiffre de 11.6 p. 100, chiffre correspondant sensiblement à l'ensemble des corps saccharifiables évalués d'après la quantité de glucose développée par la saccharification directe de la matière.

L'ensemble des matières extractives étant en moyenne de 25.99 p. 100, la différence, 25.9 — 11,6 = 14.4, représente des substances indéterminées. Parmi elles doivent certainement figurer, avec les acides organiques, la vasculose de M. Dehérain et le lignol de M. Bertrand.

Ces constatations montrent quels efforts restent à faire dans l'analyse des matières végétales et combien nous sommes loin de connaître les principes constitutifs des fourrages. Fort heureusement on peut, malgré ces imperfections, obtenir, avec les données actuelles, des indications précieuses pour la pratique, en s'attachant à lui fournir des termes de comparaison plutôt que des chiffres absolus.

Proportion et composition des tiges d'ajoncs et des piquants. — L'ajonc est formé de deux parties bien distinctes : la tige proprement dite et les petites ramifications couvertes d'épines ou piquants; il était intéressant d'examiner séparément ces deux parties, au point de vue de leur proportion relative et de leur composition chimique.

Nous avons tout d'abord déterminé, sur dix échantillons de provenances variées, le poids des deux organes; voici les chiffres obtenus :

	POUR 100 DE LA PLANTE ENTIÈRE.	
	TIGES NUES.	PIQUANTS.
Nᵒˢ 1	27.03	72.97
2	35.53	64.47
3	36.79	63.21
4	44.78	55.22
5	35.97	64.03
6	26.76	73.24
7	30.00	70.00
8	25.00	75.00
9	29.00	71.00
10	30.00	70.00
Moyenne	32.09	67.91

De ces chiffres, il résulte que les piquants sont la partie la plus importante de la plante, dont ils constituent en moyenne les deux tiers du poids total, avec des variations allant de 55 à 75 p. 100.

Voici l'analyse comparative de ces deux organes prélevés sur les mêmes plantes :

	EAU.	CENDRES.	MATIÈRES GRASSES.	MATIÈRES AZOTÉES.	EXTRAC-TIFS NON AZOTÉS.	CELLULOSE.
I. Tiges...............	58.74	0.85	1.10	1.89	21.31	16.11
Piquants	59.84	0.90	0.80	5.06	22.19	10.21
II. Tiges...............	57.66	0.99	0.38	1.89	21.83	17.25
Piquants	63.66	1.31	0.83	3.72	20.09	10.39
III. Tiges...............	53.56	0.78	0.73	2.02	22.69	20.22
Piquants	56.64	1.33	0.82	4.94	23.49	12.78
IV. Tiges...............	52.56	1.05	1.05	2.81	26.02	16.51
Piquants	57.47	1.31	1.01	4.89	21.81	13.51
V. Tiges...............	43.14	0.75	1.27	2.59	28.81	23.44
Piquants	48.82	1.51	1.24	6.28	27.41	14.74
Moyenne des tiges.....	53.13	0.88	0.91	2.24	24.14	18.70
Moyenne des piquants..	57.29	1.47	0.94	4.98	22.99	12.33

Le piquant, cette partie si gênante de la plante, est en même temps la partie la plus riche en principes alimentaires; on y trouve deux fois plus de matières azotées que dans la tige, un tiers en moins de cellulose ; c'est donc un fourrage à la fois plus tendre et plus concentré.

Il y a entre le piquant et la tige de l'ajonc les mêmes relations que nous avons constatées entre la feuille et son pétiole — le piquant n'est d'ailleurs qu'une feuille de forme particulière, — entre la feuille et la branchette, entre la feuille de luzerne et sa tige, entre le grain d'avoine et la balle qui l'entoure. Ces données très simples sont précieuses pour la pratique, parce qu'elles permettent de faire rapidement, à l'aide d'une analyse à la portée de tout le monde, des comparaisons exactes entre deux denrées de même nature. Sachant qu'une bonne luzerne doit contenir environ 50 p. 100 de feuilles et 50 p. 100 de tiges, une bonne avoine 75 p. 100 d'amandes et 25 p. 100 de balles, un bon ajonc 70 p. 100 de piquants contre 30 p. 100 de tiges, rien n'est plus facile que de classer les denrées en bonnes, médiocres ou mauvaises, suivant qu'elles se rapprochent ou s'écartent davantage de ces chiffres.

Ajoncs améliorés. — Les constatations que nous venons de faire sur la supériorité du piquant doivent être prises en grande considération par ceux qui cherchent à améliorer l'ajonc par sélection ou semis, en vue de supprimer ou tout au moins de diminuer les inconvénients qu'offre la présence des épines. La véritable amélioration, au point de vue fourrager, consisterait précisément à accroître le nombre des piquants. Plus la plante aura de ces organes, plus nutritive elle sera.

On irait au rebours de la logique en s'efforçant de produire une plante sans piquants.

Ce qu'il faut chercher à réaliser, c'est, si possible, d'émousser ces piquants tout en les faisant développer au maximum.

On a préconisé certaines variétés d'ajoncs améliorés, c'est-à-dire moins épineux ; parmi elles, nous citerons la variété *Queue de renard* ou *pyramidale*. Nous avons pu examiner comparativement des échantillons d'ajoncs sauvages et d'ajoncs dits *améliorés*, venus dans des conditions peu différentes :

	CÔTES-DU-NORD.		FINISTÈRE.	
	AJONC SAUVAGE.	AJONC AMÉLIORÉ.	AJONC SAUVAGE.	AJONC AMÉLIORÉ.
Eau........................	48.80	42.40	59.51	55.25
Cendres.....................	1.52	2.52	1.35	1.19
Matières grasses...............	0.82	0.79	0.96	1.05
— azotées.................	5.28	5.15	4.20	3.97
Extractifs non azotés............	28.72	35.75	22.18	23.96
Cellulose....................	14.86	13.39	11.80	14.58

On voit qu'en somme il n'y a que des différences tout à fait insignifiantes entre les deux variétés ; la supériorité de l'ajonc amélioré dans ces deux cas ne nous est apparue ni à l'analyse, ni même à l'examen physique. C'est qu'en effet ces variétés dégénèrent très rapidement et retournent vite au type primitif. Elles passent en outre pour être plus sensibles aux gelées et aux fortes chaleurs ; en tout cas, elles se sont peu répandues.

Il reste donc beaucoup, pour ne pas dire tout, à faire dans l'amélioration de l'ajonc ; il y a là un problème fort intéressant à résoudre, en ne perdant pas de vue le principe qui découle de nos études.

2° DIGESTIBILITÉ DE L'AJONC.

Nous ne nous sommes jusqu'ici préoccupé que de la composition chimique de l'ajonc ; mais cette donnée ne peut suffire à fixer exactement la valeur d'un fourrage. Toute recherche sur l'alimentation doit être complétée par des expériences directes sur les animaux, afin de déterminer dans quelles proportions les divers éléments révélés par l'analyse sont utilisés par l'organisme ; c'est là un principe fondamental, que nous aimons à formuler quand l'occasion se présente.

En l'absence de ces données, il est impossible de se faire une idée exacte sur une denrée et d'établir des comparaisons avec les autres. Or ces documents font défaut pour l'ajonc, et il n'est pas surprenant de voir circuler à son égard des appréciations si disparates ; nous avons donc cherché, comme nous l'avions fait pour les feuilles d'arbres, à combler cette lacune dans l'étude agricole d'une plante fort intéressante.

Nous avons rencontré, pour la réalisation de nos expériences de digestibilité, de grandes difficultés. Pour bien faire, il eût fallu se placer dans les conditions mêmes de l'utilisation de l'ajonc, c'est-à-dire le faire consommer aussitôt après la récolte et le broyage, en un mot installer les expériences sur les lieux de production. La chose ne nous étant pas possible, nous avons essayé la culture de l'ajonc dans les champs de la ferme de l'Institut agronomique, à Joinville-le-Pont, de manière à trouver réunis sous la main, près du laboratoire, tous les moyens de conduire à bien l'expérience projetée. Malheureusement, nos essais de culture, renouvelés plusieurs années de suite, ont toujours échoué ; l'ajonc s'est refusé à pousser dans les terrains dont nous disposions.

Nous avons donc cherché à réaliser l'expérience d'une autre manière, en nous faisant expédier en grande vitesse l'ajonc tout préparé, passé au broyeur et fortement comprimé. Cette expérience ne laissait pas que d'être coûteuse et difficile matériellement parlant ; nous n'avons pu l'entreprendre et la mener à bien que grâce au concours dévoué et désintéressé de M. Lavalard, qui a bien voulu mettre à notre disposition les ressources de la Compagnie des omnibus, qu'il administre avec tant d'autorité, et du regretté M. Persac, conseiller à la Cour d'appel de Paris et agriculteur distingué du Maine-et-Loire, qui a eu l'extrême obligeance de nous faire préparer et expédier en temps voulu les quantités d'ajoncs nécessaires à nos essais.

L'expérience ainsi conduite, portant sur une matière transportée et conservée, nous permettait en même temps de répondre à cette préoccupation légitime des grands consommateurs de fourrages et des grands producteurs d'ajoncs : l'ajonc, qui est si répandu dans certaines régions, peut-il devenir pour elles un objet de commerce, une nouvelle source de produits ? L'ajonc qui, par suite de son abondance, est une matière de très bas prix, peut-il entrer dans la consommation des nombreuses cavaleries, comme succédané économique du foin ou de la luzerne ?

La question offrait, comme on voit, au double point de vue industriel et commercial, un réel intérêt. M. Lavalard avait autrefois fait des tentatives pour utiliser l'ajonc[1]. « Nous en avons fait venir, dit-il, pendant quelque temps de Bretagne, et nous avons remarqué que les chevaux le mangeaient avec grand plaisir. Seulement, la durée du transport était quelquefois trop longue, et l'ajonc arrivait dans de mauvaises conditions de conservation. »

C'est bien là l'inconvénient que nous avons nous-même observé ; il est bien connu des praticiens, qui ont soin de ne préparer l'ajonc que le jour même de sa consommation. L'ajonc, expédié de Maine-et-Loire *en grande vitesse*, fortement pressé dans des sacs, arrivait donc à Paris échauffé par la fermentation qui ne tarde pas à s'emparer de cette masse végétale humide ; celle-ci noircit bientôt, puis se couvre de moisissures et enfin pourrit. Pour obvier à ces inconvénients, on est obligé d'étaler immédiatement l'ajonc en couche mince et on se heurte contre un autre grave inconvénient, celui de la dessiccation trop rapide du fourrage et de la transformation en un foin dur et coriace.

Dans la pratique, il faudrait donc que le transport soit très rapide, que les envois soient journaliers et que les arrivages du matin soient consommés dans la journée même, toutes choses difficiles à réaliser. En résumé, nous pensons qu'on doit renoncer à l'idée de pouvoir utiliser l'ajonc en dehors de ses lieux de production.

Mais il nous importait avant tout de réaliser nos expériences de digestibilité, en nous mettant à l'abri des inconvénients que nous venons de signaler et en opérant sur une matière qui, malgré le transport, se rapprochât autant que possible de la matière consommée sur place. Nous y sommes parvenu en multipliant les envois, en faisant voyager la matière pendant la nuit, en l'étalant à l'arrivée et en en sacrifiant une partie pour ne conserver que le meilleur fourrage.

[1] *Le cheval*, t. I., p. 172.

Expérience sur le cheval. — C'est au cheval principalement que les cultivateurs bretons donnent l'ajonc en remplacement du foin et même, suivant d'autres, en remplacement de l'avoine.

Le cheval se montre très friand de ce fourrage ; nous en avons présenté maintes fois à un grand nombre de chevaux d'omnibus, qui, certes, n'y avaient jamais goûté ; tous l'ont accepté du premier coup ; aucun n'a même hésité à le manger. Mais ce n'est là qu'une sorte d'analyse qualitative.

Pour apprécier la digestibilité de l'ajonc, nous avons suivi la méthode classique qui consiste, d'une part, à peser et analyser très exactement les aliments consommés par un animal, et, d'autre part, à peser et analyser les déjections, afin d'apprécier par différence les aliments digérés. Nous avons soumis à ce régime exclusif un cheval percheron âgé de dix ans (cheval entier n° 25609), sorti des rangs momentanément pour cause de boiterie.

Le cheval a été peu à peu habitué au régime exclusif de l'ajonc par les rations transitoires suivantes :

	MÉLANGE DE GRAINS.	FOIN.	PAILLE.	AJONC.
	kilogr.	kilogr.	kilogr.	kilogr.
12 janvier 1891	5	2	4	5
13 —	4	1	2	8
14 —	3	1	1	10
15 —	2	1	0.5	12
16 —	1	0	0	15
17 —	0	0	0	20

Le cheval ayant des tendances à diminuer de poids, on a porté sa ration à 25 kilogrammes par jour, à partir du 20 janvier.

On a commencé à recueillir les déjections à partir du 24 janvier, à 9 heures du matin, jusqu'au 7 février.

L'ajonc était pesé tous les matins et, comme son humidité variait incessamment, on prélevait chaque jour, au moment de la pesée, un échantillon de 100 grammes qu'on mettait à dessécher. La réunion de ces échantillons partiels représentait, à la fin de l'expérience, la moyenne du fourrage distribué. La quantité d'ajoncs consommé a été de 350 kilogrammes, correspondant à la composition centésimale suivante :

Eau	36.30 p. 100.
Matières minérales	1.58
— grasses	1.12
— azotées	4.88
Cellulose brute	19.23
Extractifs non azotés	36.89

Comprenant :

Sucres, exprimés en glucose	6.92 p. 100.
Corps saccharifiables, exprimés en amidon	8.45
Substances indéterminées	27.52

Par suite des manipulations destinées à assurer la conservation du fourrage, la dessiccation a été rapide et le taux d'humidité est descendu de 53 p. 100, chiffre moyen, à moins de 40 p. 100.

Les déjections étaient pesées chaque matin ; on en prélevait un échantillon égal à un centième du poids total. Les échantillons étaient desséchés et réunis pour constituer l'échantillon final destiné à l'analyse. Le poids total des déjections a été de 366 kilogrammes, soit 26 kilogr. 143 par jour ; elles avaient la composition centésimale suivante :

Eau.	69.68 p. 100.
Matières minérales.	0.90
— grasses.	0.84
— azotées.	2.05
Cellulose brute.	10.52
Extractifs non azotés.	16.01

Comprenant :

Sucres.	0.00 p. 100.
Corps saccharifiables.	3.66
Substances indéterminées.	12.35

Nous avons été amené à nous occuper accessoirement des déjections liquides. Celles que le cheval émettait avaient, par moments, une couleur rouge acajou qui fit naître des inquiétudes. On se rappelait, en effet, avoir entendu dire que l'ajonc provoquait l'hématurie ou pissement de sang ; le fait nous avait été rapporté par des praticiens. Nous avons donc voulu vérifier si nous étions en présence d'un accident de cette nature, qui n'est pas sans gravité. Nous avons, dans ce but, examiné à plusieurs reprises au spectroscope des échantillons de ces urines rougeâtres, et jamais nous n'avons constaté les bandes d'absorption qui caractérisent le sang. Si, dans ces urines, on diluait un très petit volume de sang, immédiatement les bandes d'absorption apparaissaient.

L'ajonc donné exclusivement, en grande quantité et pendant longtemps, à un animal qui n'y était pas habitué, n'a donc pas provoqué l'hématurie, et nous pensons que, si l'on a pu attribuer une action semblable à cet aliment, c'est qu'on a dû être trompé par la couleur rouge acajou communiquée sans doute aux urines par des matières colorantes particulières à cette légumineuse.

Pendant la durée de l'expérience, le poids du cheval, déterminé à intervalles rapprochés et toujours à la même heure, a subi les variations suivantes :

Le 12 janvier (ancien régime).	543 kilogr.
15 —	538
18 — (20 kilogrammes d'ajoncs).	538
20 — (25 kilogrammes d'ajoncs).	533
24 —	533
27 —	535
31 —	537
3 février	537
5 —	544
7 —	542

Le cheval, comme on voit, s'est maintenu à un poids sensiblement constant; par conséquent, la ration de 25 kilogrammes était suffisante pour son entretien.

On peut, d'après les données qui précèdent, établir comme suit les coefficients de digestibilité des différents principes alimentaires contenus dans l'ajonc :

	MATIÈRES MINÉRALES.	MATIÈRES GRASSES.	MATIÈRES AZOTÉES.	CELLULOSE BRUTE.	SUCRES.	CORPS SACCHA- RIFIABLES.	SUBSTANCES INDÉ- TERMINÉES.	ENSEMBLE des EXTRACTIFS non azotés.
350 kilogrammes d'ajoncs contiennent.........	5^k530	3^k920	17^k080	67^k305	3^k220	29^k575	96^k320	129^k115
366 kilogrammes de déjections contiennent...	3 294	3 074	7 503	38 503	"	13 396	45 201	58 597
Matières digérées.......	2 236	0 846	9 577	28 802	3 220	16 179	51 119	70 518
Digéré p. 100 d'ingéré.	40.4	21.6 [1]	56.0	42.8	100	54.7	53.1	54.6

[1] Le coefficient apparent de digestibilité des matières grasses n'a, d'après les travaux de M. Müntz, aucune signification; nous ne le donnons que pour mémoire, ainsi que celui des matières minérales.

Nous discuterons plus loin ces résultats; nous nous bornons pour le moment à constater que le coefficient de digestibilité des matières azotées est faible; il en est de même de celui des hydrates de carbone qui, tous (corps saccharifiables et substances indéterminées), semblent, dans le cas actuel, se comporter de la même façon vis-à-vis de l'organisme. Ces résultats s'appliquent à une matière transportée; mais les précautions que nous avions prises pour la conservation et le triage sont telles que nous nous croyons autorisé à les généraliser à l'ajonc consommé sur place.

Expérience sur le mouton. — L'ajonc est plus particulièrement utilisé dans l'alimentation du cheval; il est aussi employé dans l'alimentation des bœufs et des vaches. Les moutons sont peu nombreux en Bretagne, dont le climat humide, si favorable à l'ajonc, est si contraire à l'espèce ovine. Mais, dans bien d'autres régions à ajoncs, le mouton est très répandu et pourrait devenir consommateur de cette denrée.

Nous avons donc voulu étendre nos expériences à cet animal. Nous n'avons pas constaté, du reste, chez le mouton, le même empressement que chez le cheval à consommer cet aliment ; on était parfois obligé d'imbiber la matière d'eau salée pour exciter l'appétit de l'animal.

L'expérience effective, après régime transitoire, a duré du 27 janvier au 7 février; la consommation totale, déduction faite des déchets, a été de 16 kilogr. 550. Le poids total des déjections recueillies a été de 12 kilogr. 710.

La composition centésimale du fourrage et des déjections était la suivante :

	AJONC.	DÉJECTIONS.
Eau..	34.72	55.17
Cendres..	1.54	1.46
Matières grasses.......................................	1.54	0.85
— azotées..	5.26	3.30
Cellulose brute..	18.42	16.05
Extractifs non azotés..................................	38.52	23.17

Comprenant :

Sucres. 0.91   0.00
Corps saccharifiables. 10.08   4.50
Substances indéterminées. 27.53   18.67

Le poids du mouton a subi les variations suivantes :

20   janvier. . . . . 40^{k}700
23   — 40 400
28   — 40 400
1er février. 40 000
5   — 40 200
7   — 40 000

On peut, à l'aide de ces données, calculer les coefficients de digestibilité des différents principes alimentaires :

	MATIÈRES MINÉRALES.	MATIÈRES GRASSES.	MATIÈRES AZOTÉES.	CELLULOSE BRUTE.	SUCRES.	CORPS SACCHARIFIABLES.	SUBSTANCES INDÉTERMINÉES.	ENSEMBLE des EXTRACTIFS non azotés.
16 kilogr. 500 d'ajoncs contiennent.	255^{g}2	255^{g}2	871^{g}0	3,050^{g}3	150^{g}7	1,669^{g}2	4,558^{g}9	6,378^{g}9
12 kilogr. 710 de déjections contiennent. . . .	185 6	108 0	419 4	2,039 9	"	572 0	2,372 9	3,944 9
Matières digérées.	69 6	147 2	451 6	1,010 4	150 7	1,097 2	2,186 0	3,434 0
Digéré p. 100 d'ingéré.	**27.3**	**57.7**	**51.8**	**33.1**	**100**	**65.8**	**47.9**	**53.8**

Si nous rapprochons ces coefficients de digestibilité de ceux obtenus pour le cheval, nous voyons que le mouton a moins bien digéré les principes alimentaires, moins bien utilisé le fourrage ; ce résultat était à prévoir, étant donné le peu d'appétence de l'animal.

Mais, de toutes façons, nos expériences sont d'accord pour montrer que la digestibilité de l'ajonc est peu élevée.

3° Comparaison de l'ajonc avec la luzerne.

Les chiffres d'analyses et les résultats d'expériences de digestibilité que nous venons de rapporter prendront pour le praticien une signification plus nette si nous établissons des comparaisons avec des fourrages usuels.

L'ajonc est en réalité une plante verte, qu'on ne peut faire consommer qu'à l'état frais ; mais, d'un autre côté, nous savons que la quantité d'eau est très faible, et en fait, par sa texture et sa composition générale, l'ajonc se rapproche plutôt des fourrages secs.

Nous avons la bonne fortune de posséder des éléments de comparaison à la fois avec un fourrage frais et avec un fourrage sec, la luzerne, et avec le foin des prairies naturelles. Ces éléments de comparaison, au lieu d'être empruntés à des sources disparates, seront puisés dans nos travaux mêmes[1] : ils offriront donc l'avantage incontestable d'émaner du même auteur, opérant dans les mêmes conditions, avec les mêmes méthodes d'analyses et d'expériences.

1° *Comparaison de l'ajonc avec la luzerne verte.* — Les nombreuses analyses d'ajoncs et de luzernes que nous avons faites nous ont conduit à établir les moyennes suivantes pour leur composition centésimale :

	COMPOSITION MOYENNE.	
	AJONC.	LUZERNE.
Eau	52.67	74.30
Cendres	1.57	1.75
Matières grasses	0.90	0.45
— azotées	4.55	4.10
Extractifs non azotés	25.99	10.90
Cellulose brute	14.32	8.50

À l'état frais, tel qu'il est consommé, avec 53 p. 100 d'eau, l'ajonc a, comme on le voit, une composition assez voisine de celle de la luzerne verte ; sous le rapport des matières minérales, grasses et azotées, il lui est même un peu supérieur. Sa supériorité est très grande au point de vue de la teneur en extractifs non azotés, matières mal définies, il est vrai, mais dont le rôle comme éléments respiratoires n'est pas contesté. Ce qui nous frappe encore plus, c'est la différence dans le taux d'humidité et dans le taux de cellulose ; l'ajonc se présente à l'aspect et à l'analyse comme un fourrage sec, dur et ligneux.

Nous avons dit que ce qui importe avant tout dans l'appréciation d'un fourrage, c'est le quantum de principes assimilables. Comparons à ce point de vue les coefficients de digestibilité de ces deux fourrages :

	COEFFICIENTS MOYENS DE DIGESTIBILITÉ.	
	AJONC.	LUZERNE.
Matières azotées totales	56.0	78.2
Extractifs non azotés	54.6	74.3
Cellulose brute	42.8	46.8

La digestibilité des principes constituants de la luzerne est donc plus élevée sur toute la ligne. Sans doute, l'ajonc, dur à mastiquer, est moins bien attaqué par les sucs digestifs ; ses éléments sont à un état d'agrégation bien plus grand ; peut-être sa relation nutritive, qui est très large, intervient-elle aussi.

---

[1] Müntz et Girard, *Recherches sur la valeur alimentaire de la luzerne.* (*Ann. agron.*, t. XXIV.) — Müntz et Girard, *Recherches sur la valeur alimentaire des foins.* (*Annales de l'Institut agronomique*, t. V.)

Connaissant la composition et les coefficients de digestibilité, nous pouvons établir ce que 100 kilogrammes de chacun des deux fourrages contiennent d'éléments réellement utilisables :

	MATIÈRES AZOTÉES		MATIÈRES EXTRACTIVES		CELLULOSE		ENSEMBLE DES MATIÈRES ternaires digestibles.
	TOTALES.	digestibles.	TOTALES.	digestibles.	TOTALE.	digestible.	
100 kilogrammes d'ajonc contiennent................	$4^{k}550$	$2^{k}550$	$25^{k}990$	$14^{k}190$	$14^{k}320$	$6^{k}130$	$21^{k}220$
100 kilogrammes de luzerne contiennent................	4 100	3 200	10 900	8 100	8 500	3 980	12 530
Différence en faveur de l'ajonc.	o 450	″	15 090	6 090	5 820	2 150	8 690
Différence en faveur de la luzerne.................	″	o 650	″	″	″	″	″

Dans la dernière colonne, nous avons totalisé toutes les matières ternaires digestibles, extractifs non azotés, matières grasses et cellulose.

L'ajonc contient, comme on voit, 1/5 en moins de matières azotées digestibles que la luzerne et presque deux fois plus de matières ternaires digestibles ; en somme, il est nettement supérieur à la luzerne verte.

D'après ces données, on calcule que 50 kilogrammes d'ajoncs, additionnés de 5 kilogrammes de tourteaux de lin ou de colza, équivaudraient à 100 kilogrammes de luzerne verte.

Dans nos expériences directes, nous avons constaté que les chevaux à la ration d'entretien maintenaient leur poids constant avec une ration de 25 kilogrammes d'ajoncs et de 40 kilogrammes de luzerne verte, cette dernière ration étant du reste un peu trop forte. 100 kilogrammes d'ajoncs frais vaudraient donc environ 150 kilogrammes de luzerne verte, le déficit de matières azotées étant compensé par l'excédent de matières hydrocarbonées.

De toutes façons, l'expression de Rieffel : « *L'ajonc est la luzerne des terres pauvres* », n'est pas exagérée, *en tant qu'elle s'applique à la luzerne verte.*

2° *Comparaison de l'ajonc avec la luzerne sèche.* — Établissons les mêmes comparaisons avec la luzerne sèche, que nous avons longuement étudiée dans un travail publié dans les *Annales agronomiques*, en collaboration avec notre maître, M. Müntz (t. XXIV, p. 5, 1898) :

	COMPOSITION MOYENNE.	
	AJONC FRAIS.	LUZERNE SÈCHE.
Eau...	52.67	14.92
Cendres...	1.57	5.86
Matières grasses..	0.90	1.07
— azotées..	4.55	10.90
Extractifs non azotés....................................	25.99	39.71
Cellulose brute...	14.32	27.54

Le départ d'une quantité considérable d'eau a amené, dans la luzerne transformée en foin, une concentration des principes nutritifs ; le taux des matières azotées est devenu deux fois plus élevé que dans l'ajonc ; le taux des matières hydrocarbonées dépasse d'un tiers ; par contre, le taux de cellulose est double. Il s'agit ici de luzernes commerciales.

Voici, d'autre part, les coefficients de digestibilité des deux fourrages :

	COEFFICIENTS MOYENS DE DIGESTIBILITÉ.	
	AJONC FRAIS.	LUZERNE SÈCHE.
Matières azotées	56.00	72.00
Extractifs non azotés	54.60	66.20
Cellulose brute	42.80	39.10

La luzerne, malgré le fanage, qui a fait perdre une partie de ses feuilles, malgré la dessiccation qui agrège les éléments, malgré son taux élevé de cellulose, est beaucoup plus digestible que l'ajonc, la cellulose exceptée.

Finalement, on arrive aux résultats suivants :

	MATIÈRES AZOTÉES		MATIÈRES EXTRACTIVES		CELLULOSE		ENSEMBLE DES MATIÈRES ternaires digestibles.
	TOTALES.	digestibles.	TOTALES.	digestibles.	TOTALE.	digestible.	
100 kilogrammes d'ajonc contiennent	4^k550	2^k550	25^k990	14^k190	14^k320	6^k130	21^k220
100 kilogrammes de luzerne contiennent	10 900	7 850	39 710	26 290	27 540	10 770	38 130
DIFFÉRENCE en faveur de la luzerne	6 350	5 300	13 720	12 100	13 220	4 640	16 910

L'ajonc frais contient donc trois fois moins de matières azotées digestibles et presque deux fois moins de matières ternaires digestibles que le foin de luzerne, c'est-à-dire que, pour remplacer dans une ration 100 kilogrammes de luzerne sèche, il faudra donner 200 kilogrammes d'ajoncs frais et environ 7 à 8 kilogrammes de tourteaux à 30 p. 100 de matières azotées.

Dans nos expériences sur le cheval, il a fallu 10 kilogrammes de luzerne sèche et 25 kilogrammes d'ajoncs pour entretenir l'animal ; 250 kilogrammes d'ajoncs, substitués à 100 kilogrammes de luzerne, fournissent un peu plus de matières hydrocarbonées et un peu moins de matières azotées.

4° COMPARAISON DE L'AJONC AVEC LE FOIN DE PRAIRIES NATURELLES.

Les prairies naturelles sont beaucoup plus répandues dans les pays à ajoncs que les prairies artificielles ; le foin de prés est le fourrage courant. Il est donc utile de le mettre en comparaison avec l'ajonc. Les chiffres ci-dessous donnent la composition centésimale du foin commercial, de l'ajonc frais et de ce même ajonc ramené par le calcul au même état d'humidité que le foin :

	COMPOSITION MOYENNE.		
	AJONC FRAIS.	AJONC SEC.	FOIN DE PRÉS.
Eau....................................	52.67	14.00	14.06
Cendres	1.57	2.85	6.25
Matières grasses.......................	0.90	1.63	1.44
— azotées.......................	4.55	8.27	6.95
Extractifs non azotés..................	25.99	47.22	47.37
Cellulose..............................	14.32	26.02	23.93

L'ajonc, tel qu'on le récolte, est bien inférieur au foin par la teneur en matières azotées et en matières ternaires; mais, si on compare les deux produits avec le même degré d'humidité (14 p. 100), on est frappé de la concordance presque complète de composition. Envisagée seule, l'analyse chimique nous conduirait donc à ce résultat très simple, c'est que, à égalité de matière sèche, les deux fourrages seraient équivalents; en d'autres termes, leur valeur serait dans le rapport même du taux pour cent de matière sèche; 100 kilogrammes de foin équivaudraient à 180 kilogrammes d'ajonc frais $\left(\frac{86}{47.3}\right)$. Dans l'ancienne théorie des équivalents, on envisageait seulement le rapport des matières azotées; 100 kilogrammes de foin vaudraient alors 150 kilogrammes d'ajonc frais $\left(\frac{6.95}{4.55}\right)$.

Nous allons trouver ici une démonstration très nette des erreurs où peuvent conduire, dans l'appréciation d'un fourrage, les conclusions tirées du seul examen chimique. Pour que ces conclusions fussent exactes, il faudrait que les coefficients de digestibilité des éléments constitutifs fussent les mêmes pour les deux fourrages. Ce qu'on doit en effet comparer, ce ne sont pas les éléments totaux, mais seulement les éléments digérés, d'après le vieil adage : *non ab ingestis, sed a digestis fit nutritio.*

D'après nos expériences sur l'ajonc, et d'après celles de MM. Müntz et Girard sur les foins, la somme des éléments digestibles dans les deux denrées s'établit de la façon suivante :

	MATIÈRES AZOTÉES.	ENSEMBLE DES MATIÈRES azotées.
100 kilogrammes d'ajonc contiennent......................	2ᵏ550	21ᵏ220
100 kilogrammes de foin contiennent......................	4 810	52 620
DIFFÉRENCE en faveur du foin..........	2 260	31 400

L'ajonc contient donc environ 2 fois moins de matières azotées et 2.5 fois moins de matières ternaires digestibles que le foin de prairies naturelles de qualité moyenne.

Ces résultats montrent l'écart d'appréciation qu'on commettrait en ne consultant que l'analyse chimique.

En somme, pour remplacer 100 kilogrammes de foin, il faudrait ajouter à 200 kilogrammes d'ajoncs, non pas du tourteau comme dans le cas de la luzerne, mais une matière riche en amidon, soit environ 15 kilogrammes de farine d'orge ou de seigle.

250 kilogrammes d'ajoncs, substitués à 100 kilogrammes de foin, apporteraient à peu près la même quantité de principes hydrocarbonés digestibles et un excédent de matières azotées, à l'inverse de la luzerne.

En résumé, 100 kilogrammes d'un mélange à poids égal de foin et de luzerne secs seraient à peu près exactement remplacés par 250 kilogrammes d'ajoncs frais, en raisonnant sur des produits de qualité ordinaire.

Le foin de prairies naturelles ou artificielles valant en moyenne 6 francs les 100 kilogrammes, la valeur de 100 kilogrammes d'ajoncs serait d'environ 2 fr. 50. On voit par ce simple chiffre quelle plus-value on fait acquérir à l'ajonc en l'utilisant comme fourrage plutôt que comme engrais vert ou comme litière; d'autant plus que les éléments fertilisants minéraux et la plus grande partie des éléments azotés et organiques font retour au sol après passage à travers le tube digestif. On sait, en outre, quelle répercussion heureuse a, sur l'ensemble d'une exploitation agricole, l'accroissement des ressources fourragères.

À ce point de vue, il convient de signaler l'extrême importance que présenterait la conservation de l'ajonc, de manière à pouvoir utiliser toute l'année un fourrage qui actuellement n'est utilisable que pendant quelques mois d'hiver. L'ensilage permettrait d'obtenir cet heureux résultat; les essais faits dans cette voie n'ont encore jamais abouti, soit qu'on ait opéré sur l'ajonc seul, soit qu'on l'ait mélangé à d'autres fourrages verts. Cette matière, naturellement sèche et élastique, se prête mal à la fermentation et à la compression. De nouveaux efforts sont à tenter dans cette voie, dont l'intérêt n'échappera à personne.

En résumé, l'ajonc n'est utilisable qu'à l'état frais; il ne peut être avantageusement consommé loin de son lieu de production. Ceux qui dénigrent systématiquement l'ajonc et ceux qui le vantent à l'égal des meilleurs fourrages tombent, les uns et les autres, dans une fâcheuse exagération. Même en la réduisant à sa juste valeur, on voit que cette plante mérite toute l'attention des agriculteurs; il serait à désirer que son emploi dans l'alimentation se généralisât davantage dans les pays où elle est déjà utilisée et s'introduisît dans ceux où elle vient en abondance, sans qu'on sache en tirer parti autrement que pour la fumure des terres.

Au lieu de laisser l'ajonc pousser spontanément, on peut le cultiver comme une véritable prairie artificielle, et si alors on rapproche les conditions de sa production des données que nous venons d'exposer, l'ajonc va nous apparaître comme une plante vraiment merveilleuse.

La Bretagne, que nous avons voulu parcourir avant de publier ce travail, est le seul pays de landes où il nous ait été donné d'observer cette culture, et encore n'y est-elle pas aussi générale et aussi bien comprise qu'on pourrait le désirer.

Dans les bonnes exploitations, on réserve, hors d'assolement, une étendue plus ou moins grande de terres qu'on transforme en ajonnière (ajoncière, jannais, jeannière); c'est ainsi, par exemple, que, dans sa très remarquable exploitation du Brohet-Beffou (Côtes-du-Nord), M. le comte de Troguindy, un des agronomes les plus justement réputés des pays de landes et un fervent admirateur de l'ajonc, cultive sur une étendue de 70 hectares, conquise sur la lande, 9 hectares d'ajoncs.

La graine d'ajoncs, qui se récolte en juin, est semée au printemps, à la dose de 15 à 20 kilogrammes par hectare dans une céréale, ordinairement de l'avoine, souvent aussi dans le sarrasin. On commence la seconde année, quelquefois même la première, à récolter à la faucille les jeunes pousses, qu'on broye pour les chevaux et les bêtes bovines. On fauche très près de terre, par tous les temps, pendant l'hiver, tantôt tous les ans, tantôt tous les deux ans, ces prairies artificielles, qui peuvent, dans les meilleures conditions de sol et de climat, durer quinze ans, et, dans des conditions moyennes, de six à dix ans.

La fauche annuelle nous semble préférable à la fauche bisannuelle; elle épuise peut-être plus vite la prairie, mais elle produit un fourrage toujours plus tendre et presque entièrement comestible; tandis que, si on attend, les sommités seules sont utilisables et on est obligé d'en faire le triage.

Dans les conditions que nous venons de dire, un sol de landes donne sans culture un rendement qu'on a vu dépasser 60,000 kilogrammes, que nous-même, dans des déterminations exactes faites dans le Finistère et dans l'Ille-et-Vilaine, avons évalué à 43,000, 26,000 et 31,000 kilogrammes, mais dont la moyenne n'est point inférieure à 20,000 kilogrammes par hectare et par an.

Cette récolte annuelle de 20,000 kilogrammes d'ajonc exige approximativement les quantités suivantes de principes fertilisants :

Azote	183 kilogr.
Acide phosphorique	24
Potasse	105
Chaux	35

Si on met ces chiffres en présence de ceux que les auteurs les plus autorisés donnent pour nos principales récoltes, on constate que l'ajonc ne le cède en rien aux autres cultures sous le rapport des exigences. Elles dépassent de beaucoup celles des céréales, même pour l'acide phosphorique ; elles sont comparables — la chaux exceptée — à celles des bonnes prairies naturelles ou artificielles ; enfin, on remarque qu'il n'y a pas de culture courante, même la betterave fourragère et la luzerne, qui fournisse à l'hectare plus d'azote.

De la constatation de ces exigences, il était intéressant de rapprocher les ressources des sols où végète l'ajonc. L'analyse de différents échantillons, que nous avons recueillis dans sept départements différents, et qui représentent bien les types de terres de landes, nous a montré que ces terres, en général légères, sont presque toutes d'une pauvreté extrême en acide phosphorique; la chaux y fait totalement défaut; la potasse même n'y est pas toujours abondante; seul l'azote provenant de l'accumulation des débris organiques y est en proportion satisfaisante, parfois même élevée; mais cet azote, par suite du manque de chaux, n'est pas susceptible de nitrifier.

Que dans de pareils sols, frappés pour ainsi dire de stérilité, on sème des céréales, des prairies, des racines, des tubercules, on n'obtiendra rien, si ce n'est de maigres récoltes de seigle ou de sarrasin. Qu'on y sème au contraire de l'ajonc et, sans aucun engrais, sans aucun soin, sans façon culturale, on obtiendra immédiatement, en laissant agir la nature, de belles récoltes d'ajoncs qui se perpétueront longtemps.

L'ajonc est donc une plante admirablement organisée pour exploiter à la fois le sol et l'atmosphère. Ses racines peuvent soutirer, d'un milieu dont la richesse est bien au-dessous de 1 p. 1000, ce que les racines de nos autres récoltes ne sauraient y trouver. La plante semble du reste avoir besoin de peu d'éléments minéraux pour organiser et développer ses tissus; seul l'azote y est très abondant; or cet azote est emprunté à l'air par l'intermédiaire des bactéries qui vivent sur les nodosités de cette légumineuse; il est même permis de penser que ces bactéries ont, vis-à-vis de l'azote, une faculté d'absorption très développée.

En admettant un rendement moyen annuel de 20,000 kilogrammes par hectare, qui est certainement au-dessous de la vérité, et en appliquant les données fournies par nos expériences, on voit que cette récolte correspond à 8,000 kilogrammes de foin de prairies, c'est-à-dire que *la production d'une ajonnière vaut, surface pour surface, la production fourragère de nos terres les plus fertiles.*

Quels efforts, quelles dépenses ne faudrait-il pas faire pour arriver à obtenir de ces terres de landes, où rien ne pousse, des prairies naturelles ou artificielles à pareils rendements!

Il est probable, en outre, que cette plante, déjà si remarquable, n'est pas inaccessible aux améliorations, ni insensible aux soins culturaux, tels que semis en lignes, binages et sarclages, etc. Il y aurait aussi des expériences d'engrais fort intéressantes à entreprendre, pour savoir, par exemple, l'influence que les phosphates et les sels potassiques pourraient avoir sur l'ajonc, au point de vue de la quantité et de la qualité des récoltes. Nous ouvrons sur ces points la porte à de nouvelles expérimentations.

Nous ne craignons pas de dire, d'après tout ce qui précède, que l'ajonc est une des plantes agricoles les plus surprenantes que l'agronome puisse étudier. Connaissant les multiples services qu'on peut en tirer, comme fumure minérale après sa combustion, comme engrais vert, comme litière, enfin et surtout comme fourrage, nous nous refusons à considérer comme aussi déshérités qu'on le pense les pays de landes. Après avoir complété ces études de laboratoire par une sérieuse étude sur place de la Bretagne, pays classique de l'ajonc, nous n'hésitons pas à affirmer qu'il y a là un champ admirable ouvert à l'activité des jeunes agriculteurs, à leur initiative et à leurs capitaux.

À ceux qui veulent exporter de l'argent pour la conquête agricole des régions lointaines, il est bon de faire savoir que nous avons encore en France, dans un admirable pays, de vastes étendues incultes de terres saines et profondes qui pourraient, au prix de légers sacrifices, être mises en état de prospérité. Dans ces entreprises, l'ajonc devra jouer un rôle dominant; il devra être, à notre avis, la clef de voûte de toutes les améliorations. Il fournira, en effet, immédiatement et presque gratuitement, la litière et la nourriture du bétail; grâce à cette ressource naturelle, on pourra franchir sans difficultés cette période si ingrate qu'on doit traverser, dans les régions jurassiques et calcaires par exemple, pour amener la terre à produire des cultures fourragères. Toute entreprise d'amélioration qui débuterait par le défrichement général serait d'avance vouée à la stérilité. Au lieu de détruire cette richesse naturelle, il faut s'imprégner, au contraire, de cette idée que c'est dans la production de l'ajonc, ou plutôt dans la régularisation de sa production, que la ferme doit trouver les premiers éléments de richesse et le point de départ de toutes les améliorations successives.

Si les agronomes allemands ont donné au lupin le nom de *plante d'or des terrains sableux*, nous pouvons, sans exagération, attribuer à l'ajonc celui de *plante d'or des terrains primitifs*.

RAPPORT

SUR

L'ALIMENTATION DES OISEAUX DE BASSE-COUR,

PAR M. LOUIS BRECHEMIN,

ÉLEVEUR.

« Malgré les soins d'hygiène les plus parfaits, les installations les plus pratiques, il n'y a aucun espoir de tirer un bon parti d'une basse-cour, si l'on ne peut distribuer une nourriture qui soit à la fois abondante, variée et économique. »

Ces lignes, que nous écrivions à la fin du chapitre de l'alimentation de notre livre *La basse-cour productive*, sont évidemment la base de tout élevage et ne doivent pas s'appliquer qu'aux oiseaux et animaux de basse-cour; nous leur conserverons cependant cette stricte application, nous occupant d'une façon toute particulière de cet élevage spécial.

C'est donc à la recherche d'une alimentation remplissant les conditions qui viennent d'être énoncées que doivent tendre tous nos efforts.

Malheureusement les expériences sur le sujet manquent. Quelques notes éparses et incomplètes dans les journaux agricoles, voilà tout le bagage que l'éleveur d'animaux de basse-cour peut trouver à glaner; tous les livres sur la matière ne donnent, au sujet de l'alimentation des volailles, que des données générales, ne s'appuyant sur aucune base scientifique et incapables de guider sérieusement un éleveur.

Et, cependant, si nous consultons la dernière statistique décennale établie par le Ministère de l'agriculture, nous y trouvons que les produits annuels de la basse-cour sont évalués à 313 millions, sans tenir compte du fumier, dont il est fait état cependant pour tous les autres animaux.

Or, comme le document mentionne 63,000,000 d'existences, et que le très riche fumier produit annuellement par chacun de ces animaux est au minimum de 2 francs, la production annuelle des animaux de basse-cour devrait être exactement portée à 439 millions; 88 millions de plus que la production de l'espèce ovine.

En présence d'un chiffre semblable, dans un pays aussi admirablement disposé que la France pour l'élevage des animaux de basse-cour, on reste surpris que cet élevage n'ait pas retenu davantage l'attention des zootechniciens; ils semblent un peu avoir considéré la basse-cour comme une quantité négligeable.

À vrai dire, une grande partie de cette production considérable d'animaux de basse-cour coûte fort peu à nourrir. Les poules vaguent aux alentours de la ferme, trouvent elles-mêmes la majeure partie de leur alimentation; ne coûtant presque rien, on ne s'occupe guère de ce qu'elles rapportent, si l'espèce s'abâtardit, et si l'on n'en pourrait tirer un parti bien supérieur.

Il en est à peu près de même pour les canards. Quant aux dindons et aux oies, ils font l'objet d'un élevage très spécial qui, tout en pouvant encore être perfectionné, est certai-

3.

nement fort bien compris. Le lapin constitue une excellente machine à transformer économiquement les aliments, mais nous ne possédons pas encore assez d'expériences contrôlées pour indiquer aux éleveurs des formules de rations analogues à celles que nous avons expérimentées sur les poules.

Les poules, tant par le produit de leur chair que celui de leurs œufs, représentent la spéculation zootechnique la plus importante et la plus intéressante parmi tous les animaux de basse-cour; aussi est-ce du côté de leur élevage que nous avons dirigé nos premières expériences.

Lorsque nous avons commencé à nous occuper de l'élevage des animaux de basse-cour, nous considérions le blé comme l'aliment type pour les volailles; tous les bons traités d'aviculture le préconisaient, c'était par lui que nous devions débuter. Nous avons essayé également le sarrasin, l'orge et le maïs. Toutes ces graines sont prises avec avidité par les volailles et la distribution en est rapide et bien commode. Les pâtées de pain et de son nous ont aussi donné de bons résultats.

Coqs et poules étaient en parfait état; ces dernières pondaient bien, mais les œufs couvés donnaient une assez forte proportion d'œufs clairs.

Tout compte fait, à la fin de l'année, l'alimentation au grain provoquait un déficit sérieux; il était évident que, dans une exploitation industrielle, le déficit aurait été un désastre.

Cette expérience d'une année ne nous avait laissé aucune surprise, mais elle nous avait paru nécessaire à titre de contrôle des alimentations préconisées par les divers auteurs qui ont traité de la basse-cour.

Nous avons essayé les grains cuits qui, tout en donnant de meilleurs résultats, n'atteignaient point encore le but économique que nous poursuivions.

Dans la campagne d'élevage suivante, nous avons en partie abandonné les graines.

Une expérience faite avec de l'avoine grossièrement moulue, mélangée avec des pommes de terre cuites, donna de bons résultats. Le prix de revient descendait sensiblement.

Les poulets, avec cette alimentation, grossirent infiniment plus vite que ceux nourris avec du blé.

Des poulets nourris avec une pâtée de son et de pommes de terre, en mélange par moitié, donnèrent les mêmes résultats comme croissance qu'avec la précédente pâtée et le prix de revient était un peu moins élevé.

L'alimentation économique dont nous poursuivions la recherche, sans être absolument trouvée, était en bonne voie. Pour procurer de la variété à cette nourriture qui nous donnait d'heureux résultats à partir de six semaines, nous ajoutions aux pâtées ordinaires des poulets des distributions régulières, mais modérées, d'orge, de blé, de maïs et de sarrasin.

Avec cette nouvelle manière de nourrir nos élèves, nous avions un gain de quinze jours sur les poulets élevés l'année précédente. Ils pesaient, à trois mois et demi, le même poids que ceux de quatre mois nourris uniquement aux graines crues. De plus, la chair des poulets nourris avec les pâtées était beaucoup plus délicate.

Ayant manqué d'avoine pendant un moment, nous l'avons remplacée dans les pâtées par du maïs grossièrement moulu. Les résultats ont été aussi bons au point de vue alimentaire, et le prix de revient de la pâtée était un peu moins élevé. C'était encore un progrès.

Durant cette seconde période d'essais alimentaires, les poulets ont eu, tous les jours, d'abondantes distributions de verdure.

Nous avions remarqué que cette alimentation assez intensive provoquait un développement du foie un peu excessif. Pour des poulets destinés à la vente, cela n'aurait eu aucune importance, au contraire; mais les sujets destinés à la reproduction auraient gagné à ce régime un tempérament trop lymphatique.

Les distributions abondantes de verdure sont extrêmement importantes pour les poules soumises à une alimentation intensive, la verdure ayant pour effet de stimuler les fonctions du foie et de fortifier celles de la digestion.

Nos expériences se sont ensuite portées vers d'autres aliments; nous avons adjoint aux pâtées les farines d'orge et de maïs blutées et non blutées. La variété apportée par cette nouvelle alimentation plaisait fort aux poules, qui poussaient à merveille; malheureusement le prix de la ration alimentaire montait sensiblement. C'était le revers de la médaille.

Les poules sont très voraces; divers auteurs qui ont indiqué les quantités de grains à leur distribuer énoncent une distribution quotidienne de 8o à 11o grammes; or nos observations nous ont amené à conclure qu'une poule de grosse espèce ou une poule moyenne en ponte absorbait par jour de 14o à 16o grammes de blé, avoine ou sarrasin.

Les poules sont ainsi maintenues en bon état, mais pas davantage, et l'on conçoit pourquoi les personnes qui tiennent quelques poules et les nourrissent avec de la graine achetée au boisseau affirment gravement qu'un œuf leur revient à o fr. 2o, voire même o fr. 3o la pièce.

Nous avons fait remarquer qu'avec la distribution de pâtées aux poulets, le prix de revient de l'alimentation était descendu sensiblement au-dessous du prix de revient de la nourriture exclusive aux graines. Mais nous n'avions pas d'augmentation très sensible du poids des sujets d'une année à l'autre. Grâce à des soins assidus, il y avait certainement amélioration, mais elle ne nous semblait pas en rapport avec les soins donnés et l'abondance de l'alimentation.

Ayant une poule qui demandait à couver vers la fin du mois de janvier, et n'ayant pas d'œufs à lui donner, nous nous en sommes procuré chez un boucher du voisinage; ici les poules pondaient abondamment. Chez nous, malgré nos soins et notre bonne nourriture, il n'en était pas de même. Les douze œufs mis sous la poule amenèrent douze poussins gros et vigoureux.

La proportion des éclosions chez nous n'était guère de plus de 7o p. 1oo, de plus nos œufs n'atteignaient pas la grosseur de ceux fournis par le boucher et naturellement nos poussins, la plupart du temps, naissaient moins forts.

Une visite chez le boucher nous a fourni l'explication de cette différence entre nos sujets et les siens. Derrière la boucherie se trouvait une grande cour servant d'abattoir, où le boucher tuait, deux ou trois fois par semaine, suivant les besoins. Les poules, en liberté dans la cour, chaque fois que l'on tuait, venaient se gorger de sang chaud ou de sang caillé, et quand personne dans les environs n'avait d'œufs, notre boucher étalait

triomphalement dans sa boutique une corbeille bien remplie dont il trouvait avantageusement le placement.

Ce jour-là nous sommes revenus de la boucherie avec un seau rempli de sang; ce sang
jeté à nos élèves ne parut pas beaucoup leur plaire, ce n'est qu'au bout d'un moment, une
poule plus hardie en ayant becqueté un morceau, que les autres se mirent à suivre cet
exemple. Afin de mieux faire absorber le sang, nous l'avons jeté dans l'eau qui servait à
faire cuire les pommes de terre, et, pétrissant le tout ensemble, nous en avons formé une
pâtée qui a été prise sans aucun dégoût par nos sujets.

Lorsqu'il se trouvait des morceaux cuits un peu gros, les poules les laissaient dans le
fond des augettes à pâtée. Pour éviter cette perte, le sang a été cuit à part, et dès qu'il
avait acquis la consistance du foie, passé dans la machine à hacher la viande, en mettant
le disque dont les trous étaient le plus fin. Le sang, réduit ainsi en poudre grossière, s'in-
corpore parfaitement à toutes les pâtées.

Afin de bien contrôler les effets de cette nourriture animale, deux parquets d'un coq et
six poules ont été constitués : dans l'un, la nourriture anciennement donnée a été continuée;
dans l'autre, les pâtées additionnées de sang cuit ont été distribuées abondamment. Les
poules du parquet qui recevaient une nourriture au sang, dès le quinzième jour, présentaient un aspect plus alerte, les crêtes étaient sensiblement plus rouges que celles du parquet voisin. Sans être plus abondants, les œufs étaient un peu plus gros.

Treize œufs de chacun de ces parquets ont été mis à couver, le parquet des poules nourries au sang cuit a donné onze poussins sur treize œufs, l'autre parquet a fourni huit poussins sur treize œufs.

Bien que faite en petit, cette expérience était assez concluante, nous l'avons répétée un
grand nombre de fois — sept dans une seule année — sans trouver d'autres différences,
si ce n'est en faveur de la nourriture animalisée.

À partir de ce moment, la nourriture animalisée a été introduite dans toutes les pâtées;
les déchets de viande, même crus, bien hachés, sont pris avidement par les volailles; mais
on ne peut toujours s'en procurer facilement. Nous avons fait des essais avec la poudre de
viande Liebig; nous n'en avons pas été très satisfait. Ce produit répand une odeur répu-
gnante qui ne paraît pas beaucoup plaire aux volailles.

La viande boucanée d'Amérique a été ensuite essayée; elle a donné des résultats excellents, on peut la trouver dans le commerce réduite en farine, elle est d'un emploi très
facile ainsi, se mélangeant aux pâtées et ne nécessitant aucune manipulation.

Nous avons abandonné le sang et les déchets de viande pour ce produit si facile à mani-
puler et d'une conservation très longue. En été, le sang et les déchets de viande ne peuvent
guère se garder plus de deux jours. Ces produits, qui ne nous étaient apportés que par
petite quantité, entraînaient des pourboires et des manipulations qui finissaient par les
porter à un prix aussi élevé que la farine de viande.

À la campagne, le fait est bien différent : on donne o fr. 10 de pourboire pour un
seau de sang; le cultivateur qui ne saura tirer parti d'un aussi précieux aliment pour l'engraissement de ses poules ou de ses canards sera un maladroit. C'est un des déchets les plus
avantageux et les plus précieux que puisse lui fournir la boucherie.

Il n'était point besoin d'être grand clerc pour deviner que c'était là forte teneur en *matières* azotées qui produisait un aussi heureux effet sur nos volailles. Les poules peuvent assurément très bien subsister avec les matières azotées qui sont contenues dans les végétaux; elles ont, cependant, une préférence marquée, lorsqu'elles sont en liberté, pour les aliments azotés de nature animale.

La poule est, par essence, omnivore; toutes nourritures animales et végétales peuvent lui convenir; mais on la verra toujours, en liberté, délaisser une poignée de grains pour un ver ou un insecte, qui varient son alimentation et introduisent dans son organisme des aliments azotés qui s'assimilent certainement plus rapidement que ceux des végétaux. Aussi remarque-t-on que les poules en liberté sont toujours indemnes de maladie et que, d'une couvée de treize œufs, on voit sortir au moins douze poussins qui poussent comme des champignons et seront, au bout de huit jours, rustiques comme père et mère.

L'observation de la manière de vivre des poules en liberté constitue une excellente indication pour l'éleveur qui veut les parquer et qui doit, par conséquent, s'ingénier pour leur trouver les éléments nutritifs qui doivent non seulement les conserver en bonne santé, mais les faire croître assez rapidement pour lui procurer un *rapide bénéfice.*

Un principe économique indiscutable est celui qui consiste à considérer les animaux de l'exploitation comme des capitaux vivants, dont le renouvellement constant rend l'exploitation florissante. Ce n'est que par la précocité provoquée, pour la plus grande partie, par une alimentation rationnelle, que l'on parviendra à ce résultat et que l'éleveur pourra bien être considéré, suivant la pittoresque expression du professeur Baron, comme «l'ingénieur des machines vivantes».

Cette précocité, que nous n'avions pu que faiblement obtenir avec les aliments d'origine végétale, nous n'avons pas tardé à la voir s'affirmer avec l'introduction des matières animalisées dans nos aliments.

Les pesées faites à la fin de chaque mois montraient des différences extrêmement sensibles avec les pesées faites les années antérieures.

Ces heureux résultats nous ont amené à rechercher la composition chimique des aliments que nous distribuons à nos élèves afin de nous rendre compte s'il ne serait pas possible de composer des rations qui, tout en présentant le maximum d'effet nutritif, puissent en même temps être économiques.

En prenant pour point de départ l'alimentation végétale, nous avions observé que neuf poules en ponte et un coq, nourris pendant un mois uniquement avec du maïs, s'étaient parfaitement comportés. Les poules avaient fourni une excellente moyenne de ponte; la bande avait absorbé, en un mois, 50 kilogrammes de maïs, soit en moyenne 166 grammes par jour et par tête.

Ce n'était point, assurément, une ration économique; mais cela pouvait servir de terme de comparaison, puisque la production avait été bonne.

D'après les observations de Wolff, le maïs[1] contient, comme éléments digestibles, 8 p. 100 d'albumine, 63.1 p. 100 d'hydrates de carbone (amidons, sucres, féculents), 4 p. 100 de graisse.

---

[1] Dans l'analyse donnée par Sanson, les proportions de moyenne sont un peu plus élevées : 10.6, albumine; 6.8, matières grasses.

Pour constituer une ration à peu près équivalente, avec les éléments dont nous disposions, il nous fallait :

```
100 kilogrammes de pommes de terre.................................  3ᶠ 00
5 kilogrammes de farine de viande..................................  t 80
                                         Total.....................  4ᶠ 80
```

D'où une dépense de 4 fr. 80 pour donner à nos élèves une alimentation beaucoup plus riche en matières azotées, qui sont l'élément indispensable, tout en restant suffisamment riche en matières hydrocarbonées et en graisses.

Les 50 kilogrammes de maïs revenaient à 7 fr. 50, soit simplement, pour nourrir un coq et neuf poules pendant un mois, un écart de 2 *fr. 70.*

Les poules nourries uniquement avec du blé font ressortir la dépense à un prix encore plus élevé qu'avec l'alimentation au maïs.

Bien que ce soit la teneur en éléments azotés qui doive attirer tout d'abord l'attention de l'éleveur de poules, il ne faut pas oublier que les hydrates de carbone, c'est-à-dire les sucres, les amidons et les fécules, contribuent pour une grande part à la formation de la graisse, et que la graisse proprement dite est un élément également nécessaire, qui peut, cependant, être en grande partie remplacé par les hydrates de carbone, ainsi que nous allons l'établir.

Dans la région de Houdan, qui est réputée pour la production du poulet fin et précoce, l'alimentation presque exclusive des poulets jusqu'au moment de la vente est une pâtée de farine d'orge et de petit lait; cette pâtée est préparée à raison de 1 kilogramme de farine d'orge pour 1 kilogramme de petit lait. D'après la formule mise en pratique à l'école d'aviculture de Gambais, il est distribué aux poulets, en dehors de cette pâtée, une légère quantité de riz et de millet cru. Les poulets ainsi nourris, après une période d'engraissement d'environ vingt jours, arrivent, à l'âge de trois mois et demi, au poids de 1 kilogr. 600.

Parler aux Houdanais d'un autre mode d'alimentation, c'est risquer de se faire traiter d'ignorant; quelques rares distributions de blé ou d'avoine sont admises, mais il ne faut pas aller plus loin. De père en fils on a nourri ainsi les poulets, on les a toujours présentés beaux et savoureux aux consommateurs; pourquoi changer ce mode d'alimentation ?

Pourquoi ? nous le dirons tout à l'heure; pour le moment, nous ne désirons que chercher le rôle des éléments hydrocarbonés dans cette alimentation.

M. Roullier-Arnoult, le directeur de l'école d'aviculture, a établi que, jusqu'à l'âge de trois mois et demi, un poulet absorbait 11 kilogr. 217 d'une pâtée de farine d'orge à laquelle sont ajoutés un peu de riz, de millet et du lait cuit.

Voici exactement le détail de la pâtée distribuée aux poulets en l'espace de trois mois et demi :

```
Farine d'orge ordinaire...................................  4ᵏ 562
Farine d'orge blutée......................................  0 280
Petit lait................................................  5 300
Riz.......................................................  506ᵍ 85
Millet....................................................  253 425
Lait cuit.................................................  253 425
```

En examinant la composition chimique de ces divers aliments, d'après les tables de Sanson, nous avons trouvé qu'il avait été distribué environ :

Matières azotées. . . . . $0^k 817$
Matières grasses. 0 290
Matières hydrocarbonées 2 605

Cet exemple démontre clairement la justesse de l'opinion que nous avons émise au sujet du remplacement presque complet des matières grasses par les hydrates de carbone (amidon dans la présente circonstance) pour l'élevage et l'engraissement des poules. Les éleveurs de volailles devront donc tenir particulièrement compte de notre observation, les matières hydrocarbonées se trouvant parmi celles que l'on peut généralement obtenir au plus bas prix.

Notons encore que l'alimentation à la farine d'orge, donnée dans la région houdanaise, d'après M. Roullier-Arnoult, fait revenir le kilogramme de poulet à *1 fr. 56.*

À notre avis, cette alimentation, tout en donnant d'excellents résultats au point de vue de la croissance et de la finesse de la chair, est encore d'un prix de revient trop élevé pour être pratique. Avec les nourritures animalisées, les résidus d'industrie bien choisis, on peut obtenir un résultat plus rapide et beaucoup plus économique.

C'est ainsi que nous avons été amené, après des essais qui ont duré plusieurs années, à nous convaincre que, parmi les résidus d'industrie, ceux qui étaient les mieux pris par les volailles étaient les touraillons d'orge, les tourteaux de maïs, de coprah et de lin.

Les tourteaux de chènevis, un peu échauffants, sont donnés en petite quantité aux poules pour les pousser à pondre; la graine, écrasée, est distribuée avec modération aux poussins, en mélange avec les pâtées; cette graine leur donne beaucoup de vigueur.

Les tourteaux de lin, quand on en continue la distribution aux poulets, donnent un goût assez désagréable à la chair; on l'emploie, en petite quantité, surtout pour rehausser la teneur en matière nutritive des aliments pauvres.

Le tourteau de maïs en farine, les touraillons d'orge, mais surtout le premier aliment en mélange avec des pommes de terre, donnent un goût excellent à la chair.

Nous n'en sommes qu'aux premières expériences avec le tourteau de coprah; nous ne pouvons donc nous prononcer définitivement; mais les résultats obtenus ont été excellents.

Tous ces aliments concentrés, associés avec les pommes de terre ou les sons, constituent une très bonne alimentation; mais, ainsi que nous l'avons fait observer à plusieurs reprises au cours de cette étude, ce sont les nourritures animalisées qui permettront le plus aisément de constituer des rations à la fois productives et économiques.

En principe, d'après nos nombreuses expériences, on peut considérer qu'une poule en pleine ponte, suivant sa taille, est suffisamment nourrie quand sa provende quotidienne contient :

Matières azotées. . . . . 8 à 10 grammes.
Matières grasses. . . . . 5 à 8
Matières hydrocarbonées (amidons ou fécules). . . . . 60 à 80

Sans considérer ces chiffres comme absolus, l'éleveur de poules pourra s'y reporter chaque fois qu'il voudra constituer une bonne ration de ponte.

Au point de vue économique, l'éleveur de poules doit, d'ailleurs, considérer qu'il est une foule de nourritures, telles que limaçons, vers de terre, hannetons, mans, asticots, que l'on peut se procurer à la campagne en donnant quelques sous à des gamins. De plus, les déchets de triperie et de boucherie : résidus de tripes, cretons de porc, panses de moutons, déchets de viande, têtes de moutons, toutes nourritures animales très riches, sont bien souvent, à la campagne, jetées sur le fumier.

Quand on veut pratiquer l'élevage industriel de la volaille, on doit se mettre en quête de tous les résidus d'industrie qui peuvent servir à l'alimentation. Les débris de pâtes alimentaires sont excellents à cet effet; les déchets de féculerie aussi, mais ces derniers seulement s'ils sont très bon marché, car souvent ils ne sont pas suffisamment riches en matières nutritives.

Nous ne saurions assez insister sur ces aliments, qu'on peut se procurer, les uns, à la campagne, pour presque rien; les autres, dans l'industrie à un prix très avantageux; si bien combinées que soient les formules que nous indiquerons, l'éleveur, avec ces aliments, pourra toujours trouver le moyen de faire sensiblement baisser le prix de revient de l'alimentation qu'il distribue.

Afin de faciliter la tâche des éleveurs, nous allons donner la composition des formules qui, jusqu'ici, nous ont donné les meilleurs résultats pour la nourriture des poussins et des poules pondeuses. Pour plus de précision, nous donnons le prix de revient de chacune de ces formules :

Formule n° 1.

75 kilogrammes de tourteau de maïs	10ᶠ 50
25 kilogrammes de farine de viande	10 00
400 kilogrammes de pommes de terre	12 00
300 litres d'eau	″
PRIX DE REVIENT	32ᶠ 50

Formule n° 2.

50 kilogrammes de pain (déchets)	10ᶠ 00
50 kilogrammes de sang cuit	7 50
350 kilogrammes de pommes de terre	10 50
50 kilogrammes de touraillons d'orge	6 00
300 litres d'eau	″
PRIX DE REVIENT	34ᶠ 00

Formule n° 3.

100 kilogrammes de son	12ᶠ 00
50 kilogrammes de tourteau de coprah	8 00
350 kilogrammes de pommes de terre	10 50
300 litres d'eau	″
PRIX DE REVIENT	30ᶠ 50

Les pommes de terre que nous employons sont les petites pommes de terre non marchandes, que l'on peut aisément, vers octobre, se procurer à 3o et même à 25 francs les 1,000 kilogrammes.

Une poule pondeuse uniquement nourrie avec l'une des formules que nous venons d'indiquer devrait recevoir par jour : 3oo grammes de pâtée humide de la formule n° 1 ; 200 grammes de la formule n° 2 et 250 grammes de la formule n° 3. Bien que la formule n° 2 soit celle qui représente le prix le plus élevé, elle est cependant la plus économique, puisque, grâce à sa richesse en principes nutritifs, une distribution quotidienne de 200 grammes est suffisante pour qu'une poule pondeuse soit bien alimentée.

. Une poule uniquement nourrie avec cette formule coûterait donc par an :

73 kilogrammes de nourriture à 4 fr. 25 les 100 kilogrammes, soit 3 fr. 10.

Ce résultat est tellement beau que tout le monde, dans ces conditions, voudrait se mettre producteur de volailles et la fameuse poule au pot pourrait même être servie sur toutes les tables plus d'une fois par semaine. Mais la poule, qui aime avant tout la variété, se fatiguerait vite de cette alimentation unique et donnerait beaucoup moins de produits.

Pour donner de la variété à l'alimentation et entretenir l'appétit de leurs pondeuses, les éleveurs feront bien d'adopter plusieurs de ces formules ou quelques autres analogues et de diminuer, en outre, chacune des rations quotidiennes de 75 à 100 grammes et de les remplacer par une distribution de 4o grammes de grains excitants comme l'avoine ou le sarrasin.

Il est évident que cette substitution fait augmenter le prix de revient, mais il est encore assez sensiblement réduit pour que les formules que nous employons journellement constituent une alimentation véritablement rationnelle, c'est-à-dire productive et économique.

Les trois formules que nous venons d'indiquer, qui seront parfaitement suffisantes pour élever des poussins et en faire très rapidement et très économiquement de gros poulets, pousseraient un peu trop les pondeuses à l'engraissement; ce qui est une double raison pour les diminuer en partie, pour être remplacées par des distributions de graines ainsi que nous l'avons recommandé.

Il ne faut pas oublier que les poules trop grasses pondent peu ou pas.

La conformation spéciale du gésier des poules oblige, en outre, l'éleveur à leur donner quelques aliments durs à broyer. Nous avons élevé et nourri des poules exclusivement avec des pâtées et nous avons observé que les parois du gésier étaient beaucoup moins dures que celles des poules alimentées aux graines et à la pâtée.

Ainsi que nous l'avons dit, et nous ne saurions trop le répéter, il est absolument indispensable de faire des distributions abondantes de verdure aux poules et aux poussins, de tenir du gravier à leur disposition et d'assaisonner leurs pâtées d'un peu de sel.

Le sel n'a pas seulement pour but de stimuler l'appétit, il possède d'autres principes dans l'économie animale qu'il serait un peu trop long d'énumérer ici.

Nous nous sommes plu à faire ressortir qu'une alimentation riche ne pouvait être admise comme véritablement rationnelle que si elle était économique. Si cette ration donne de très bons résultats, au point de vue de la production de la chair et qu'elle soit d'un prix élevé, on aura parfois avantage à lui substituer une ration d'un prix moins élevé et dont les effets ne seraient pas aussi rapides.

Ceci est un principe qui est indiqué par tous les grands zootechniciens et nous croyons qu'il doit être strictement appliqué quand il s'agit des gros animaux. Cependant nous allons démontrer que, lorsqu'il s'agit de poules, ce principe peut fort bien ne pas être suivi à la lettre.

Nous avons voulu nous rendre compte quel serait le prix de revient du kilogramme de viande de poulet en employant une alimentation très riche, mais d'un prix de revient relativement élevé.

Il sera intéressant de rapprocher ce prix de revient de celui atteint par l'alimentation en usage dans la région de Houdan. L'éleveur conclura quel est, de ces deux modes d'alimentation, celui qui est préférable :

Nous avons payé (1899) l'avoine et le sarrasin 20 francs pendant le premier mois de l'expérience ; le sarrasin n'a plus été payé que 18 francs pendant la seconde quinzaine.

Le produit désigné sous le nom de « pain condensé » nous avait été donné à l'essai par un de nos amis, M. Cordier. Ce pain condensé est un mélange de maïs, de blé moulus, la viande boucanée y entre pour 25 p. 100. C'est un aliment d'un prix assez élevé, puisqu'il coûte 30 francs les 100 kilogrammes ; nous n'avons cependant eu qu'à nous louer des résultats. Pour rendre les pâtées plus émollientes, nous y avons ajouté une légère quantité de son.

Nous avons constitué la base de la pâtée avec des déchets de pain desséché que l'on nous fournit à 20 francs les 100 kilogrammes et nous avons rehaussé la teneur en matières azotées de cette pâtée avec de la farine de viande boucanée d'Amérique que l'on nous vend 36 francs les 100 kilogrammes.

Afin de rendre notre expérience plus concluante, nous avons choisi cinquante poulets de différents âges et de trois races différentes : Faverolles, Dorking et Andalouse, dont la croissance est assez différente.

Première bande.

Poussins de 20 jours... 2
Poussins de 37 jours... 6

Deuxième bande.

Poulets de 60 jours... 38
Poulets de 81 jours... 4

L'expérience a commencé le 31 mai ; le poids total des 50 poulets était de 13 kilogr. 740 grammes.

Le 30 juin, la pesée des deux bandes donna un total de *36 kilogr. 014*, soit une augmentation de poids de *22 kilogr. 274*.

Les poulets avaient absorbé :

27ᵏ 300 de pain à 0 fr. 20	5ᶠ 46
9 170 de farine de viande à 0 fr. 36	3 30
0 450 de son à 0 fr. 12	0 54
20 000 de pain condensé à 0 fr. 30	6 00
0 160 de phosphate de chaux à 1 franc	0 16
16 950 d'avoine et sarrasin à 0 fr. 20	3 39
	18ᶠ 85

Dans ces conditions, 22 kilogr. 274 de viande de poulet ont coûté 18 fr. 85, soit, en chiffres ronds, 0 fr. 85 le kilogramme.

Nous avons continué l'expérience dans la quinzaine suivante, en réduisant la consommation d'un de nos aliments les plus chers; de plus, on nous a fourni pendant cette période le sarrasin à 18 francs les 100 kilogrammes.

Le 15 juillet au soir, les poulets ont été pesés séparément; le total de la pesée donna comme résultat :

52 kilogr. 460, soit une augmentation de *16 kilogr. 446.*

Les poulets avaient reçu comme nourriture :

6ᵏ 450 de pain condensé à 0 fr. 30	1ᶠ 935
12 700 de sarrasin à 0 fr. 18	2 286
22 100 de pain à 0 fr. 20	4 42
10 400 de farine de viande à 0 fr. 36	3 74
0 160 de phosphate de chaux à 1 franc	0 16
2 500 d'avoine à 0 fr. 20	0 50
0 160 de son à 0 fr. 12	0 192
	13ᶠ 233

Cette seconde expérience établit donc que les 16 kilogr. 446 de poulet sont revenus à 13 fr. 233, soit à 0 fr. 80 le kilogramme.

Voici donc des aliments d'un prix de revient fort élevé qui ont permis de produire le kilogramme de poulet à un prix de revient fort avantageux et qui laisserait assurément un bon bénéfice à la vente.

Les poulets soumis à cette expérience avaient un parcours d'environ deux cents mètres dans un jardin planté d'arbustes, groseilliers et framboisiers; les pieds de ces arbustes étaient entourés de planches d'oseille et de chicorée sauvage. Les poussins ont commencé par dévorer toute l'oseille et ne se sont attaqués à la chicorée que lorsqu'il ne resta plus un brin d'oseille.

Ces poulets étaient élevés artificiellement, nous n'en avons pas perdu *un seul* jusqu'au moment où ils ont été sacrifiés. A ce moment, sans aucuns soins particuliers, épinette ou gavage, ils étaient demi-gras, d'un goût excellent et auraient pu aisément être vendus comme poulets fins.

La raison principale pour laquelle le prix de revient relativement élevé de cette nourriture a donné un résultat aussi avantageux, c'est le soin avec lequel elle a été distribuée. Jusqu'à deux mois, les poulets ont eu *six* repas par jour, toujours variés.

Le pain condensé, aliment complet, était donné seul, les croûtes de pain étaient mélangées avec de la farine et le phosphate. De temps à autre, un peu de son était ajouté pour varier le goût de cette pâtée. Les repas d'avoine et de sarrasin variaient suffisamment cette nourriture pour que les poulets fussent maintenus toujours en appétit.

Quand la nourriture est bien régulièrement distribuée et variée, à chaque distribution, on trouve les augettes parfaitement nettoyées et le « coulage », qui est si souvent le résultat d'une distribution mal entendue des aliments, est évité.

Un simple examen donné sur la composition de la nourriture qui a constitué l'expérience que nous venons de citer démontre que nous n'avons employé que des aliments extrêmement concentrés et très rapidement assimilables, sauf l'avoine et le sarrasin ; nous croyons même que les résultats auraient été meilleurs, au point de vue de l'engraissement, si les éléments hydrocarbonés, tels que fécule et amidon ou les graines, avaient un peu plus contre-balancé les effets trop actifs des matières azotées.

En effet, d'après l'analyse *théorique* des aliments utilisés pour cette expérience, nous avons noté qu'il aurait été utilisé pour fabriquer un kilogramme de poulets o.55705 de matières azotées et o.10847 de matières grasses.

C'est en transcrivant ce calcul sur notre registre d'expériences que nous nous sommes souvenu de cette opinion émise par Wolff dans son remarquable ouvrage sur l'alimentation des animaux :

« Il faut toutefois être très circonspect dans l'augmentation exclusive ou excessive de la proportion d'albumine fournie, parce qu'il arrive souvent que la transmutation est tellement activée qu'il s'en dépose très peu dans les tissus comme albumine des organes ; il peut en résulter une conséquence tellement préjudiciable que l'effet nutritif de la ration cesse d'être rémunérateur. »

L'excès de matières azotées, tout en n'ayant pas, pour les poules, des inconvénients aussi grands que ceux cités par Wolff, pour les herbivores, n'en sont pas moins possibles par la constatation suivante que nous avons pu faire :

Les coqs Dorking et Faverolles de cette expérience n'atteignaient, à quatre mois, que le poids moyen de 1 kilogr. 600, alors que nous avons obtenu, avec l'emploi de pâtées comme celles que nous indiquons dans nos formules 1, 2 et 3, des poids moyens de 2 kilogrammes au même âge.

Ces trois formules sont certainement moins riches en substances albuminoïdes que la dernière expérience que nous venons de noter, mais les éléments hydrocarbonés (fécule de la pomme de terre et amidons) qu'elles contiennent ont un effet extrêmement avantageux sur l'accroissement rapide des poulets.

Nous n'avons pas malheureusement appliqué la même méthode de pesée et d'analyse en distribuant ces diverses nourritures à nos élèves ; nous avons cependant la certitude qu'elles ne font pas revenir le kilogramme à plus de o fr. 70.

Nous voici un peu loin du prix de revient de 1 fr. 56 de la région de Houdan.

En résumé, l'expérience dont nous venons de donner le détail prouve que la poule est une des meilleures machines à transformer économiquement certains aliments d'un prix relativement élevé.

Tous les essais que nous avons poursuivis ayant eu surtout pour but de nous faire connaître quels étaient les aliments qui se trouvaient le mieux appétés par les volailles et ceux qui amenaient la croissance la plus rapide, nous ne nous sommes que depuis peu attaché aux expériences scientifiques d'alimentation, ces premiers essais ayant été longs et coûteux.

L'organisation des concours d'aviculture de 1900 nous a fait perdre toute une année; aujourd'hui nous sommes en mesure de reprendre nos expériences avec des éléments qui, nous l'espérons, nous permettront de donner aux cultivateurs des données précises et scientifiquement raisonnées sur l'élevage rationnel de *tous* les animaux de basse-cour.

L'étude que nous venons de faire n'est que la préface des travaux à venir; nous pensons, avec l'aide et les encouragements de tous, mener à bien la tâche que nous avons entreprise.

La *Zoo-Économie avicole* reste à créer; en nous inspirant des travaux de nos devanciers et nous aidant d'une longue pratique de l'élevage, nous ferons en sorte d'apporter à cette science nouvelle agricole notre modeste contribution, heureux si nos expériences et nos travaux peuvent attirer l'attention sur ces déshérités de l'agriculture, qui constituent la si importante et si nombreuse famille des oiseaux et animaux de basse-cour.

Saint-Maur, 14 février 1900.

CONGRÈS

DE

L'ALIMENTATION RATIONNELLE

DU BÉTAIL.

SÉANCE DU SAMEDI 4 MAI 1901.

La séance est ouverte à 2 heures sous la présidence de M. Dabat, sous-directeur de l'Agriculture, représentant M. le Ministre empêché. Il est assisté de M. Eugène Mir, président de la Société; M. Tisserand, président honoraire; M. Sanson, M. Girard, M. Mallèvre, M. Gallo, membres du Comité.

M. Dabat, sous-directeur de l'Agriculture. Messieurs, M. le Ministre de l'agriculture se trouve dans l'impossibilité absolue de se rendre aujourd'hui au milieu de vous afin de présider la première séance du Congrès organisé par la Société de l'alimentation rationnelle du bétail; il vous prie de vouloir bien l'excuser et d'agréer ses plus vifs regrets. Il m'a chargé de le représenter auprès de vous et de suivre vos travaux; il m'a surtout prié de vous dire qu'il aurait été extrêmement heureux de pouvoir assister à vos réunions et principalement à la première séance de votre Congrès, comme il l'a fait d'ailleurs l'année dernière pendant l'Exposition universelle de 1900; il y tenait surtout afin de vous donner un témoignage de l'intérêt qu'il prend à vos travaux, si utiles et si féconds en résultats.

Votre Société, Messieurs, entre aujourd'hui dans sa cinquième année d'existence; elle a déjà rendu de très grands services à l'agriculture; elle est appelée à lui en rendre de plus grands encore par les études et par les expériences qu'elle pourra faire dans l'avenir. L'Administration de l'agriculture suit ses travaux avec le plus vif intérêt, et vous pouvez être sûrs qu'elle fera tout son possible pour seconder vos efforts. Dès aujourd'hui, elle se met à votre disposition pour la vulgarisation des renseignements que vous aurez pu obtenir, des données que vous aurez pu recueillir sur l'alimentation des animaux. Vous savez que M. le Ministre vient de créer, il y a quelques semaines, un office de renseignements agricoles. Cet office a pour but de réunir tous les renseignements qui peuvent intéresser l'agriculture, de les centraliser, de les coordonner au Ministère de l'agriculture, puis de les vulgariser par tous les moyens possibles dont l'Administration pourra disposer, soit verbalement, soit au moyen de publications spéciales, soit encore par l'intermédiaire des professeurs départementaux d'agriculture.

Ceci dit, Messieurs, au nom de M. le Ministre de l'agriculture, je déclare ouverte la première séance du Congrès de la Société de l'alimentation rationnelle du bétail, et je cède, si vous le permettez, la présidence à celui qui dirige vos travaux depuis la fondation de la Société, à M. Eugène Mir, sénateur, votre éminent et zélé président. (*Applaudissements.*)

M. Eugène Mir prend place au fauteuil de la présidence.

M. LE PRÉSIDENT. Ma première parole sera, Monsieur le Délégué du Ministre de l'agriculture, une parole de remerciement pour vous et pour M. le Ministre; nous vous sommes profondément reconnaissants des assurances que vous avez bien voulu donner à notre Société.

Messieurs, fidèles à notre tradition, nous vous convoquons en Congrès à l'occasion du Concours général agricole. Cette année, ce concours ayant été scindé en deux, le concours des animaux gras, qui a eu lieu au mois de mars dernier, et le concours des animaux reproducteurs, qui se tient actuellement à la Galerie des Machines, nous nous sommes demandé à quel moment il convenait de vous réunir. Après quelques hésitations, nous avons cru devoir vous réunir en ce moment, encore bien près du Congrès de l'année dernière, Congrès qui a été, comme il devait l'être, un Congrès international, et qui, à raison de ce caractère et du concours que nous ont prêté les étrangers, a pris une ampleur inaccoutumée. Non pas, Messieurs, que dans les trois séances qu'a comportées ce Congrès nous ayons épuisé toutes les questions relatives à l'alimentation du bétail et que nous fussions à court de matières; — les questions agricoles resteront toujours obscures; au fur et à mesure qu'elles s'élucident, elles donnent naissance à des questions nouvelles, comme si la vérité prenait un malin plaisir à s'éloigner de nous chaque fois que nous faisons un effort pour nous rapprocher d'elle et pour la saisir. Mais nous avons craint de mettre votre bonne volonté à une trop rude épreuve en vous réunissant trop tôt, et nous avons pensé qu'il convenait de vous donner le temps de feuilleter les dernières pages du compte rendu si substantiel du dernier Congrès, avant de vous convier à de nouvelles discussions.

Il y avait, Messieurs, une autre raison. Nous avons pensé qu'une réunion de printemps vous serait à tous plus agréable et qu'il vous conviendrait mieux de vous réunir sous les premiers sourires de mai que sous les derniers froncements de sourcils du maussade hiver.

Nous voici donc à notre cinquième Congrès!

Messieurs, les questions que nous allons discuter cette année présentent une grande importance. La première, d'ordre général, qui s'adresse à toutes les variétés de bétail, — à la basse-cour comme à l'étable, — est celle de la relation nutritive, c'est-à-dire de la proportion en matières azotées que doit contenir une ration efficace. Vous avez déjà vu, par la lecture du travail de notre éminent rapporteur, M. Mallèvre, combien ces questions sont complexes et combien il est difficile d'adapter à toutes les circonstances une formule unique. La relation nutritive, en effet, varie suivant les cas. Elle varie suivant les espèces. M. Mallèvre vous dit qu'elle n'est pas la même pour les bovidés, pour les chevaux et pour les porcs, ceux-ci paraissant admettre une relation nutritive plus large que les premiers.

Dans les espèces elles-mêmes, la relation nutritive varie suivant l'âge. Elle est étroite pour les jeunes élèves; elle s'élargit un peu pour les adultes. Elle varie encore suivant la destination des sujets; elle varie enfin suivant l'abondance de la ration. La quantité d'azote que contiennent les rations riches permet, en effet, et tout naturellement de forcer un peu la proportion des matières non azotées. Voilà, Messieurs, une question du plus haut intérêt et de la plus grande importance, et je suis convaincu que la discussion qui va s'engager vous intéressera tous, grâce aux données que nous apporte M. le Rapporteur et grâce aussi, je l'espère, à l'intervention de notre éminent collègue, le savant et distingué professeur Sanson, qui nous fera certainement profiter de sa compétence, de son expérience et de son merveilleux talent. (*Applaudissements.*)

M. SANSON. Je vous remercie, Monsieur le Président.

M. LE PRÉSIDENT. Messieurs, une seconde question, d'ordre particulier celle-là, concerne l'alimentation de la volaille. Jusqu'ici, nous ne nous étions point occupés de cette intéressante production; nous avions concentré nos efforts et notre attention sur les hôtes imposants de l'écurie et de l'étable; nous avions négligé ces jeunes et minces volatiles; il était injuste, Messieurs, qu'elles restassent plus longtemps frappées d'ostracisme. Tout d'abord, nous devions aux dames que nous comptons parmi les adhérents de notre Société de ne pas négliger davantage l'aimable population de la basse-cour, à laquelle elles consacrent tant de loisirs. Et d'ailleurs, Messieurs, ce n'est point une raison, parce qu'elles sont petites, pour que ces petites bêtes ne soient pas dignes de notre attention. La masse et la taille ont leurs prérogatives, sans doute, mais elles ne sont pas tout. Dans l'humanité, d'abord, ce ne sont pas toujours les hommes les plus grands qui sont les mieux doués; Fontenelle a même donné à entendre le contraire, quand il a dit que, généralement, les hommes de six pieds ressemblent aux maisons de six étages, et que c'est le dernier étage qui est le plus mal habité (*hilarité prolongée*). Dans l'ordre matériel qui nous occupe, en particulier, il est incontestable que la volaille a une importance supérieure à celle que lui donnent son poids et son volume.

L'honorable M. Brechemin, en effet, qui a bien voulu nous présenter un rapport sur cette question, nous dit que, tout compte fait, les produits de la basse-cour dépassent de près de 100 millions les produits de l'espèce ovine et qu'ils atteignent environ 450 millions. L'auriez-vous cru, Messieurs? Je demanderai à notre collègue la permission d'ajouter une remarque personnelle qu'il a certainement dû faire lui-même : c'est que la poule, qui pèse 2 kilogrammes environ, est capable de donner en trente ou quarante jours un produit d'un poids égal à son poids vif. En effet, Messieurs, si vous voulez bien faire le compte — je me suis donné ce plaisir pas plus tard que ce matin — si vous voulez bien peser une douzaine d'œufs, vous trouverez qu'elle pèse de 700 à 750 grammes; or une poule peut donner ses douze œufs par quinzaine, surtout dans la saison où nous sommes; cela fait environ 750 grammes pour quinze jours, soit 3 livres pour trente jours et de 1,800 grammes à 2 kilogrammes pour quarante jours. Quelle est, parmi les grosses bêtes auxquelles nous avons accordé jusqu'ici notre attention, celle qui est capable de donner un pareil résultat? Nous devons donc, Messieurs, remercier notre collègue, M. Brechemin, pour la glorification qu'il a entreprise de la volaille française.

Une troisième question, — qui est aussi du plus haut intérêt, surtout pour la Bretagne et les pays granitiques, — est relative à l'alimentation par l'ajonc. Vous avez déjà pu voir par la lecture du rapport les avantages qu'on peut tirer de cette plante, que le rapporteur, M. Girard, appelle spirituellement « la plante d'or des terrains primitifs ».

Diverses autres communications figurent, Messieurs, à votre ordre du jour;

C'est ainsi, par exemple, que nous vous entretiendrons du meilleur emploi à faire de la mélasse dans l'alimentation du bétail. M. Dechambre s'est chargé de vous donner sur ce sujet quelques formules pratiques.

Vous entendrez également une communication sur l'emploi des sarments de vigne dans l'alimentation du bétail. M. Vassillière, professeur départemental d'agriculture, a bien voulu rédiger sur cette question une note dont M. le Secrétaire général vous donnera lecture.

Enfin, M. Nicolas nous indiquera les résultats de quelques expériences qu'il a faites au point de vue de la substitution du pain au son dans l'alimentation des vaches laitières. M. Nicolas ne pouvant pas assister à la séance de lundi, j'espère que nous pourrons l'entendre aujourd'hui.

Voilà, Messieurs, le cercle d'idées dans lequel vous allez vous mouvoir et l'ordre dans lequel va s'engager la discussion. Je suis convaincu qu'elle sera d'un grand profit pour ceux des membres de la Société qui sont présents, aussi pour ceux, bien plus nombreux, qui, retenus par leurs travaux, doivent se contenter de lire les comptes rendus de nos travaux et qui les lisent — j'en ai reçu de bien des côtés l'assurance — avec une grande avidité. Nous allons, si vous le voulez bien, ouvrir la discussion par la question de la relation nutritive. Je donne, à cet effet, la parole à M. Mallèvre, notre rapporteur. (*Vifs applaudissements.*)

M. Mallèvre donne connaissance de son rapport sur l'*Importance pratique de la relation nutritive* (voir le rapport *in extenso*, p. 1).

M. Sanson. Messieurs, je désire préciser quelques points de cette intéressante question. Mais, tout d'abord, je rappellerai à ceux qui sont au courant et j'apprendrai à ceux qui n'y sont pas que toujours, dans mon enseignement et dans les éditions successives de mon traité de zootechnie, j'ai insisté sur ce fait que les idées scientifiques sur l'alimentation du bétail ne doivent pas être prises dans un sens absolu; je les ai toujours présentées comme fournissant des points de repère, des premières approximations qui doivent ensuite être corrigées par l'observation judicieuse. Il y a à cela plusieurs raisons que je demande la permission d'exposer successivement.

En premier lieu, je ne partage pas tout à fait l'opinion qui vient d'être formulée, à savoir qu'il importe peu que la relation nutritive soit comprise de telle ou telle façon. Quand on lit, soit dans un livre, soit dans un mémoire, soit dans un article de journal, l'indication d'une relation nutritive, qui est recommandée, il faut savoir comment elle a été établie. Il y a, à cet égard, de telles différences, de tels écarts qu'on risquerait autrement de ne pas avoir ces points de repère dont je viens de parler. Par exemple, je lisais tout dernièrement dans la traduction très remarquablement faite du livre non moins remarquable de Julius Kühn (que je considère comme le meilleur de tous ceux qui ont été faits sur ce sujet) que la relation nutritive doit être établie non seulement sur la partie digestible des principes nutritifs, mais encore qu'il faut ajouter aux extractifs non azotés et aux matières solubles dans l'éther du deuxième terme de la relation ce qu'on appelle la non-protéine, c'est-à-dire les matières azotées qui ne sont pas albuminoïdes. Quand on voit la relation nutritive qui apparaît alors, d'après les conventions que l'on a établies, ce n'est pas la même chose que quand on est en présence d'une relation nutritive établie comme l'a préconisé Émile Wolff, dans laquelle on ajoute au second terme de la relation les matières improprement appelées grasses transformées en valeur d'amidon. Je m'élève, pour ma part, contre cette habitude trop répandue de qualifier de matières grasses ce qui s'extrait par l'éther; il y a d'autres matières solubles dans l'éther, la chlorophylle par exemple. Je ne me sers ni dans mes discours ni dans mes écrits de cette expression : je dis extrait éthéré ou matières solubles dans l'éther, et, de la sorte, on ne risque pas de se tromper. Émile Wolff a recommandé de traduire ce qu'il appelle les matières grasses en valeur d'amidon, en partant de cette hypothèse (que je me permets de considérer comme absolument gratuite) que les matières supposées grasses exigent, pour être oxydées, 2.44 fois autant d'oxygène qu'il en faut pour brûler le même poids d'amidon ; d'où il conclut que, dans l'organisme, dans la nutrition, ces matières grasses ont une valeur 2.44 fois aussi grande que le même poids d'amidon, ce qui n'a jamais été démontré par personne.

M. Mallèvre. Pardon; cela a été démontré.

M. Sanson. C'est une pure conception de l'esprit; on raisonne comme si les matières alimentaires se comportaient dans l'organisme comme dans le creuset du chimiste, comme si dans l'organisme l'énergie se dégageait comme chaleur pour se transformer ensuite en potentiel, conception purement imaginaire. Et, d'ailleurs, en laissant de côté ces discussions, qui sont peut-être trop de la science pure, il n'en est pas moins vrai que, quand on est en présence de l'indication d'une relation nutritive conçue comme je viens de le dire, ce n'est pas la même chose que si l'on est en présence d'une relation nutritive conçue comme je le fais pour ma part, c'est-à-dire consistant à établir le rapport entre ce que nous appelons la protéine brute — pour ne pas spécifier sur des points que la science ne permet pas de donner d'une manière précise — avec la somme des matières solubles dans l'éther, plus les extractifs non azotés. Il est clair qu'il est absolument nécessaire, pour savoir à quoi s'en tenir, de connaître la façon dont la relation nutritive a été conçue, parce que, pour ma part d'abord, j'ai indiqué qu'une relation nutritive qui est moindre que 1/5 doit être considérée comme étroite, que celle qui est supérieure à 1/5 doit être considérée comme large, et cela à titre seulement de point de repère et pour s'entendre seulement. Or il est évident qu'une relation de 1/5 conçue de la manière que je viens d'indiquer en dernier lieu n'est pas la même chose qu'une relation de 1/5 conçue selon une autre expression. Il est nécessaire, je ne dis pas de s'entendre sur ce point (je sais que l'on n'y parviendra pas, chacun suivant en cette matière son propre sentiment), mais de mettre ceux que l'on veut éclairer au courant de ce qu'on a voulu indiquer et ne pas risquer de les induire en erreur. Tel est le premier point sur lequel je désirais apporter quelque précision.

Mais ce n'est pas tout : comment, dans la pratique, peut-on raisonner sur ces choses? Peut-on soi-même calculer la relation nutritive? On ne peut pas exiger de ceux qui nourrissent des animaux tous les jours d'analyser eux-mêmes les aliments ; mais peut-être ne pousserait-on pas trop loin l'exigence si l'on conseillait de procéder ainsi aux directeurs de grandes exploitations. Ce serait une façon sûre d'opérer; mais, dans la généralité des cas, cela ne se fait pas.

M. LE PRÉSIDENT. M. Nicolas fait cela.

M. SANSON. M. Nicolas a à sa disposition M. Joulie. Ce qui est certain, c'est que le nombre des agriculteurs qui font procéder à des analyses des aliments est très petit. Il faut prendre les choses comme elles sont et s'en rapporter aux tables. Je saisis l'occasion d'exprimer le regret qu'en France on accorde surtout sa faveur aux tables d'Émile Wolff, les moins bonnes assurément qui existent, et cela pour la raison suivante : c'est qu'elles ne donnent que des moyennes pour la composition des aliments.

M. MALLÈVRE. Plus maintenant.

M. SANSON. Je parle de celles qui sont à ma connaissance. On sait que ces moyennes ne correspondent à rien de réel. Les autres tables établies en France et en Allemagne donnent à la fois le maximum, le minimum et la moyenne probable de la composition des aliments. Tout le monde sait que lorsqu'on se trouve en présence d'un aliment, sa composition peut varier entre des limites excessivement larges; pour l'avoine, par exemple, il y a des écarts qui vont de 6 à 20, et c'est là justement qu'il importe que l'esprit judicieux du praticien intervienne pour savoir s'il doit se rapprocher du maximum, du minimum ou de la moyenne. Cela dépend de beaucoup de circonstances : du sol dans lequel l'aliment a végété, de la manière dont il s'est comporté pendant la pousse, de la façon dont il a été récolté, conservé, etc., etc. Mais, quelque soin qu'on y mette, quelque esprit judicieux qu'on y apporte, personne ne peut se vanter d'acquérir une certitude en ces matières; par la nature même des choses, il reste une somme très grande d'incertitude, d'où il suit que lorsqu'on a établi la relation nutritive de sa ration, tout n'est pas dit. Ce n'est pas moi qui dirai du mal des travaux de laboratoire; j'aurais trop mauvaise grâce à cela, ayant été toute ma vie un homme de laboratoire. Mais je ne me suis jamais fait d'illusion sur la valeur absolue des résultats que l'on y obtient. Ayant charge de l'esprit des jeunes gens, je leur ai toujours conseillé — c'était ma fonction de le faire— de s'en tenir à la remarque qui a été faite par un des plus distingués parmi mes anciens élèves, dont je suis heureux de répéter ici le nom, que tout le monde connaît d'ailleurs, je veux parler de M. Garola. Au sortir de l'école, et tout jeune encore, il a écrit un ouvrage sur l'alimentation des animaux, et il y fait remarquer qu'il faut bien se garder de confondre les résultats de laboratoire avec ceux de la pratique, et je l'en ai félicité de tout mon cœur. Encore une fois, il faut prendre ces résultats comme des premières approximations, comme des points de repère qui doivent servir au praticien pour faciliter ses observations, et qui lui donnent une grande supériorité sur celui qui n'a pas ce guide. C'est surtout sur ce point que je voulais insister, pour que nous nous entendions bien sur la valeur et la signification de la relation nutritive.

Il y a d'autres points sur lesquels je ne partage pas la manière de voir de mon excellent voisin et ancien élève; ils sont relatifs au côté économique de la question. Il a répété à plusieurs reprises qu'on pouvait avoir intérêt économiquement à substituer des aliments à relation nutritive large aux aliments à relation étroite. Je ne connais pas pour ma part d'aliment à relation large qui soit plus économiquement mis en usage que ne le sont la plupart des aliments à relation étroite, et, dernièrement encore, dans le livre de Julius Kühn, cette question a été examinée très en détail. J'ouvre ici une parenthèse pour faire remarquer que ce qui lui donne une supériorité sur les auteurs de même ordre, c'est que ce n'est pas seulement un homme de laboratoire, et qu'avant d'être appelé à organiser l'Institut agricole de l'Université de Halle, il avait pendant vingt ans dirigé une exploitation agricole; il en a d'ailleurs organisé une à Halle. C'est donc un praticien, et aucune de ces questions ne lui est étrangère. Pour prendre un exemple récent, M. Pluchet a publié dernièment des expériences qu'il a faites en distribuant du blé, de qualité relativement inférieure, à ses animaux. Il estime que ce blé vaut 15 francs les 100 kilogrammes. Or, avec ces quinze francs, il aurait pu se procurer des aliments beaucoup plus riches, à moindre prix : tourteaux de coton, de sésame, drêches de distillerie, tous aliments beaucoup plus riches en protéine brute que ne l'est le blé. Il y a mieux — et M. Nicolas pourra me rectifier si je me trompe — il aurait pu acheter à meilleur prix, à 13 ou 14 francs, du son qui est également plus riche que ce blé. Il aurait donc eu avantage à vendre son blé et à acheter des aliments concentrés bon marché. Je suis d'ailleurs prêt à m'incliner si quelqu'un connaît un aliment, une graine de céréale qui soit dans de meilleures conditions économiques; pour ma part, je n'en connais pas.

En ce qui concerne le système qui consiste à forcer la quantité d'aliments pendant la période d'engraissement, sauf à employer une relation nutritive plus large pour obtenir le même résultat, il y a encore là une difficulté pratique. La grande difficulté que l'on éprouve pendant les derniers temps de l'engraissement des animaux, c'est de les faire manger en quantité suffisante. On sait bien que l'accroissement de poids que l'on obtient chaque jour est une fraction fixe de la quantité de matière sèche qu'on lui a fait ingérer. S'il assimile un dixième en poids de la matière sèche nutritive qu'il reçoit, il augmentera d'un kilogramme de poids pour dix kilogrammes qu'il absorbe. C'est ainsi que nous avons obtenu en plusieurs circonstances des accroissements dépassant deux kilogrammes par jour, en stimulant l'appétit de nos animaux et en préparant une ration qui, sous un volume moindre, contenait une plus forte quantité de matière sèche; on arrive ainsi à les faire manger dans les derniers temps de l'engraissement, alors que leur appétit baisse.

Je crois, Messieurs, avoir rempli le programme que je m'étais tracé; j'ai voulu donner un peu de précision aux idées qui ont été émises sur ce point, et j'ai essayé de démontrer, — j'insiste, en terminant, sur ce point, — que les données scientifiques ne doivent pas être prises autrement que comme des points de repère qui ne dispensent pas l'observation des individus d'intervenir. J'ai dit que tous les animaux n'avaient pas le même appétit; il est évident que ce n'est pas seulement parce qu'ils diffèrent d'âge, c'est aussi parce qu'ils ont des constitutions différentes au même âge. Tel individu a une puissance digestive au delà de l'âge adulte qui dépasse de beaucoup celle de tel autre individu. C'est ce dont il faut s'assurer, et, à ce propos, je citerai l'exemple du plus fort engraisseur que j'aie connu dans le cours de ma carrière. Il s'agit de M. Boulanger, de Montigny, qui, la première fois que je suis allé chez lui, me montrait des animaux à l'engrais et me faisait remarquer particulièrement ses étables, dans lesquelles chaque animal a devant lui deux auges, l'une contenant les aliments solides, l'autre les liquides. Il me disait : « Vous voyez que chez moi, les animaux ont l'assiette et le verre. » C'est une manière pittoresque d'exprimer une chose excellente; il arrive en effet très souvent que les animaux cessent de manger parce qu'ils ont soif, et recommencent à manger lorsqu'ils ont pu boire. Comme il importe par-dessus tout, pour les animaux à l'engrais, qu'ils mangent le plus possible, c'est là une excellente précaution. De plus, M. Boulanger, — qui se livrait à beaucoup d'opérations spéciales dans le détail desquelles je n'entrerai pas, — chaque fois qu'il introduisait un nouvel animal dans ses étables, passait la journée près de lui, parfois même une partie de la nuit, pour apprendre à bien le connaître et à le traiter conformément aux observations qu'il avait faites. C'est dans ce sens que Julius Kühn, qu'on ne saurait trop citer, dit que c'est l'œil du maître qui engraisse les animaux, entendant par là qu'il faut les observer et se conduire avec eux selon leurs aptitudes particulières. Tout cela revient à dire que la science éclaire le praticien, mais ne lui suffit pas. Il faut qu'il y mette du sien, qu'il ait le goût de son métier et qu'il considère les données scientifiques comme de premières approximations qui doivent être appliquées judicieusement et qui doivent servir uniquement de point de départ.

Je vous demande pardon, Messieurs, d'avoir retenu si longtemps votre attention, et je vous remercie de la bienveillance avec laquelle vous m'avez écouté. (*Applaudissements.*)

M. le Président. M. Tallavignes pourrait sans doute nous donner quelques explications sur les installations qu'il a remarquées chez de grands seigneurs hongrois, dont il a visité les étables, et qui ne sont pas sans rapport avec celles dont M. Sanson a signalé l'existence chez M. Boulanger.

M. Tallavignes. J'ai vu cette installation pour la première fois chez le prince Lichstenstein, mais je dois dire que je l'ai retrouvée depuis lors très souvent en Autriche, où elle est très répandue. Chaque animal a devant lui une sorte de réservoir à arrivée d'eau intermittente, en ce sens que ce n'est que lorsque la cuvette est vidée qu'il se produit une nouvelle arrivée. Je crois avoir vu ce système aussi dans l'Allemagne du Sud.

M. le Président. C'est, en somme, le principe des vases communiquants. Il y a un grand réservoir dans l'écurie ou à côté, et un ingénieux mécanisme de robinet permet, chaque fois que l'animal soulève le couvercle, l'accès de l'eau et l'emplissage du récipient qui communique par un tuyautage avec le réservoir.

M. Sanson. Il y a trente ans que nous faisons cela.

M. Mallèvre. J'aurais quelques observations à présenter au sujet de la réponse que M. Sanson a faite à mon rapport.

M. Sanson. Ce n'est pas une réponse, c'est un complément. Je n'ai pas d'objection à vous présenter.

M. Mallèvre. M. Sanson pense, en ce qui concerne la ration à donner aux animaux, que, dans l'engraissement, il est nécessaire de rétrécir la relation nutritive à la fin de l'opération pour diminuer le volume des rations. Je suis obligé de dire que je vois très bien le moyen de donner une relation nutritive large sans augmenter le volume de la ration. Par exemple, en quoi la ration est-elle plus volumineuse parce qu'on donne des graines de maïs à relation nutritive large, plutôt que des tourteaux à relation nutritive étroite? Les deux sortes d'aliments ont des coefficients de digestibilité voisins, et, au point de vue physiologique, leur volume n'est pas sensiblement différent.

M. Sanson. Je n'ai pas dit qu'il ne fallait pas donner de graines de céréales; j'ai, au contraire, toujours été d'avis qu'il fallait varier les aliments qui composent la ration des animaux à l'engrais.

M. Mallèvre. Autre point. A propos du petit blé donné par M. Pluchet à ses animaux à l'engrais, M. Sanson a émis l'avis que les tourteaux de sésame et de coton sont sûrement plus économiques que ce petit blé. Je ne crois pas que cela soit nécessairement vrai dans toutes les circonstances. Il ne faut pas tenir compte seulement du prix du petit blé et des tourteaux sur le·marché. Il convient également d'avoir égard aux frais que déterminent le transport du petit blé de la ferme sur le marché et aussi le transport des tourteaux du marché sur le lieu où ils sont consommés. Ces frais agissent en sens inverse, diminuant d'une part le prix de vente du petit blé, augmentant d'autre part le prix d'achat des tourteaux. Enfin il existe une question fondamentale qui nous divise au sujet des relations nutritives et de la valeur économique des aliments, c'est la façon d'apprécier la valeur nutritive de ces derniers. M. Sanson affirme que le son a une valeur nutritive plus élevée que le petit blé, parce que le son est plus riche en matières azotées. C'est admettre implicitement que la valeur nutritive des aliments est uniquement déterminée par leur teneur en matière azotée. Or c'est là une idée que je combats toutes les fois que j'en trouve l'occasion, parce qu'elle n'est pas conforme à la vérité. Il est aisé de démontrer, en se basant sur les expériences accumulées depuis quinze ans, que les trois sortes de principes nutritifs peuvent également servir au dépôt de la graisse dans l'organisme. Il est même prouvé que les matières grasses ont à ce point de vue une valeur environ deux fois supérieure à la matière azotée. Des expériences faites récemment en Allemagne par Kellner sur des bovidés l'établissent à nouveau d'une façon certaine.

M. Sanson. Nous sommes trop allemands en ces matières.

M. Mallèvre. Tout à l'heure vous faisiez vous-même le plus grand éloge de l'ouvrage de Julius Kühn, qui n'est pas français, je crois.

M. Sanson. Je suis loin de croire pour ma part que les matières hydrocarbonées et les matières grasses n'ont pas de valeur nutritive; je n'ai pas le malheur de penser ainsi. Mais je ferai remarquer que dans la ration des animaux il y a toujours, au moins quant aux matières hydrocarbonées, un excès par rapport à ce que l'animal peut utiliser; il est donc inutile d'en ajouter. Quant aux matières grasses, c'est une autre affaire et j'aurais besoin d'examiner de très près les expériences de Kellner pour me rendre à cette opinion qu'elles jouent un rôle si considérable dans l'accumulation de la graisse. La proportion dans laquelle elles entrent dans la ration est quelque chose, sinon de négligeable, au moins de peu important par rapport aux matières hydrocarbonées qui contribuent pour la plus forte part au dépôt de la graisse. Leur grande importance est de faciliter la digestibilité des matières protéiques. Tout cela est très complexe et il ne faut pas avoir là dessus des idées absolues.

M. le Président. M. Nicolas pourrait peut-être, dans l'ordre d'idées qui nous occupe, nous donner maintenant connaissance de sa note sur la substitution du pain au son.

M. Nicolas donne lecture de la note suivante :

EXPÉRIENCE POUR SAVOIR SI LE REMPLACEMENT DU SON PAR LE PAIN
OFFRIRAIT UN AVANTAGE
TANT AU POINT DE VUE DE LA PRODUCTION DU LAIT QUE DE LA VIANDE.

MATRICULES.	POIDS					LAIT				
	au 27 juin.	au 27 juillet.	au 27 août.	au 27 septembre.	au 17 octobre.	au 27 juin.	au 27 juillet.	au 27 août.	au 27 septembre.	au 17 octobre.
VACHES RECEVANT COMME NOURRITURE DU PAIN AU LIEU DE SON (du 27 juin au 17 octobre 1900).										
119.............	570^k	565^k	565^k	550^k	610^k	12^l	13^l	11^l	10^l	10^l
85.............	550	540	550	540	610	15	15	13	$9\frac{1}{2}$	4
47.............	645	635	645	655	685	12	$10\frac{1}{2}$	8	2	0
51.............	545	535	550	540	570	14	14	14	11	11
87.............	520	510	510	490	520	15	$15\frac{1}{2}$	$14\frac{1}{2}$	11	12
150.............	620	615	585	610	630	15	16	$14\frac{1}{2}$	14	$13\frac{1}{2}$
	$3,450^k$	$3,400^k$	$3,405^k$	$3,385^k$	$3,625^k$	83^l	84^l	75^l	$57^l\frac{1}{2}$	$50^l\frac{1}{2}$
VACHES NE RECEVANT QUE LA NOURRITURE ORDINAIRE AVEC SON.										
154.............	565^k	550^k	555^k	560^k	575^k	13^l	13^l	12^l	$12^l\frac{1}{2}$	10^l
180.............	480	490	500	510	530	8	$8\frac{1}{2}$	$5\frac{1}{2}$	0	0
183.............	520	530	545	560	590	13	13	$9\frac{1}{2}$	0	0
153.............	590	580	585	600	620	10	$7\frac{1}{2}$	8	8	7
131.............	560	565	555	570	600	14	$14\frac{1}{2}$	$14\frac{1}{2}$	10	$13\frac{1}{2}$
129.............	540	535	540	540	525	8	$7\frac{1}{2}$	$7\frac{1}{2}$	6	7
	$3,255^k$	$3,250^k$	$3,280^k$	$3,340^k$	$3,440^k$	66^l	64^l	57^l	$36^l\frac{1}{2}$	$37^l\frac{1}{2}$

6 vaches ont reçu 2 kilogrammes de pain à la place de 3 kilogrammes de son, du 27 juin au 17 octobre 1900, soit pendant 3 mois 20 jours.

6 vaches, témoins, ont reçu 3 kilogrammes de son (3 cases) pendant la même période.

Il résulte des tableaux ci-contre que les 6 vaches ayant reçu du pain ont gagné 175 kilogrammes, soit 29 kilogr. 166 par tête;

Tandis que les 6 témoins au son ont gagné 185 kilogrammes, ou 30 kilogr. 833 par tête.

Soit une différence en faveur du son de 1 kilogr. 667 par tête.

Le résultat n'a pas été meilleur pour la production du lait; en effet :

Les 6 vaches recevant du **pain** produisaient, le 27 juin, 83 litres de lait, et le 17 octobre, 50 lit. 1/2 seulement, soit une différence en **moins** de 32 lit. 1/2, ou 5 lit. 416 par vache.

Les 6 vaches recevant du **son** produisaient, le 27 juin, 66 litres de lait, et le 17 octobre, 37 lit. 1/2, soit une différence en **moins** de 28 lit. 1/2, ou 4 lit. 750 par vache.

La différence en faveur des vaches recevant du son est de 0 lit. 66 par vache.

La valeur de la nourriture, bien que différant en poids, est exactement la même, soit par jour et par tête :

2 kilogrammes de pain, à 18 francs les 100 kilogrammes................	0ᶠ 36
3 kilogrammes de son (3 cases), à 12 fr. 50 les 100 kilogrammes..........	0 305
DIFFÉRENCE..............	0ᶠ 015

Cette différence est tellement légère qu'il n'y a pas lieu d'en tenir compte.

Cette expérience, qui a été faite avec le plus grand soin,
condamne la substitution du pain au son.

M. LE PRÉSIDENT. Il résulte des expériences qu'il est avantageux de nourrir les vaches au son, qui fournit plus d'azote, plutôt qu'au pain, qui fournit plus de fécule.

M. GOUIN. On a parlé longuement de relation nutritive. En ce qui me concerne, j'estime que l'animal a besoin de fixer de 30 à 40 grammes d'azote par jour pour engraisser d'un kilogramme pendant qu'il est jeune et c'est pendant qu'il est jeune qu'il gagne le plus. Les rations azotées sont celles qui ont le mieux réussi au point de vue pratique, je ne dis pas au point de vue pécuniaire. Ce sont, en effet, celles qui contiennent le moins de poids mort, de cellulose. En général, plus une nourriture est riche en azote et en acide phosphorique et plus elle est pauvre en cellulose.

M. LE PRÉSIDENT. Quelle est votre conclusion ?

M. GOUIN. Ma conclusion, c'est que je ferais ma relation de la matière digestible en prenant le rapport de la matière utile à la matière non utile.

M. MALLÈVRE. Ce n'est plus là ce qu'on appelle la relation nutritive.

M. LE PRÉSIDENT. M. Gouin expose une idée personnelle qui repose, j'en suis convaincu, sur des données expérimentales, mais qui va à l'encontre de ce qu'enseignent M. Sanson et M. Mallèvre, entre lesquels il y a d'ailleurs quelque dissentiment. Il paraît certain que l'on ne peut pas, sans courir quelque danger, élargir par trop la relation nutritive, et c'est ce que pense M. Sanson. Se fondant sur des expériences nouvelles, M. Mallèvre admet au contraire que, dans bien des cas, on peut l'élargir. Ni l'un ni l'autre ne contestent qu'elle doive être maintenue dans de certaines limites, et c'est en dehors de ces limites que M. Gouin voudrait nous engager. C'est peut-être téméraire et mon devoir est de prévenir les agriculteurs contre les incitations que vous leur adressez.

M. GOUIN. Vous m'en faites dire plus long que je ne le voulais, Monsieur le Président. J'ai dit que vous auriez toujours une proportion de cellulose à peu près la même pour une même proportion d'azote dans la ration.

M. TALLAVIGNES. Je voudrais parler de la relation nutritive, non pas à propos de l'engraissement, mais à propos des animaux de travail et plus particulièrement des bœufs. Dans les expériences que nous poursuivons depuis des années dans la Haute-Garonne, j'ai introduit cette pratique, qui donne les meilleurs résultats, de ne se servir que d'animaux en voie de croissance, de trois à six ans.

Je suis le seul qui possède une écurie de ce genre ; tout le monde prétend qu'on ne peut pas faire travailler des animaux de trois ans. Je vous affirme qu'ils donnent des résultats excellents, et je remercie mon excellent maître, M. Sanson, dont j'ai suivi, en la circonstance, les leçons. Ceci posé, je dois dire cependant que j'ai éprouvé une déconvenue. J'ai voulu donner à mes animaux une nourriture aqueuse pendant toute l'année et cela pour deux raisons : la première, c'est que, suivant les enseignements que j'ai reçus, cela vaut mieux. La seconde, qui est plus importante à mes yeux, c'est que cela me permettait de vendre mes fourrages à la région voisine, qui, ne produit que du vin et à qui nous vendons bien les produits de nos luzernières. J'ai donné à mes animaux, pendant un mois et demi, un mélange d'orge et d'avoine jusqu'à l'arrivée du maïs-fourrage, puis des vesces que je remplace ensuite par de l'ensilage de maïs de l'année précédente. Nous avons trouvé que la relation nutritive varie du simple au double, entre $\frac{1}{8}$ et $\frac{1}{4}$. Nos animaux de travail fournissent un travail beaucoup plus considérable que ceux des propriétés voisines. Ils se sont toujours maintenus en très bon état. J'ai été un peu surpris de ce résultat; je craignais que la relation nutritive ne fût trop large. J'ai constaté ce fait depuis onze ans sur quatre séries d'animaux, et je crois que, dans ces conditions, l'expérience est décisive.

M. Mallèvre. J'ai précisément écrit dans mon rapport que la relation nutritive pouvait aller jusqu'à 1/10 en ce qui concerne les animaux de travail.

M. Sanson. Je m'incline toujours devant les faits.

M. Mallèvre. L'expérience prolongée de M. Tallavignes est d'autant plus intéressante qu'une assez forte proportion de la protéine du maïs-fourrage ne se trouve pas sous forme albuminoïde. En somme, M. Tallavignes vient confirmer, par des observations pratiques, les résultats des travaux de laboratoire; à savoir que, pour les animaux qui ont franchi la période la plus active de croissance et qui fournissent du travail, la relation nutritive peut sans inconvénient varier dans des proportions considérables, à la condition, bien entendu, que les rations renferment une quantité totale suffisante de principes nutritifs digestibles, azotés, gras et hydrocarbonés.

M. le Président. M. Tallavignes ne pourrait-il pas nous donner quelques renseignements sur les expériences auxquelles il a été procédé relativement à l'alimentation des chevaux de labour par le vin dans ces derniers mois ?

M. Tallavignes. Je les connais, mais je n'ai pas de renseignements assez précis à fournir.

Je puis, par contre, donner quelques indications relativement à la précocité des races bovines. J'ai répété trois fois, à cet égard, la même expérience. J'ai pris des animaux de races différentes, de même âge et de même poids. Je les ai nourris dans les mêmes conditions, dans la même écurie; j'ai trouvé qu'ils présentaient tous le même poids, à 15 kilogrammes près. J'en ai été fort surpris, attendu que, cédant à un préjugé dont je m'accuse, j'avais substitué le bœuf limousin au bœuf gascon parce que je le trouvais plus précoce ; je voulais faire travailler les animaux à trois ans et je ne pouvais pas le faire avec les bœufs gascons. La précocité des animaux tient donc à la manière dont ils ont été élevés dans leur jeune âge. Je m'excuse d'ailleurs d'avoir traité cette question, qui est un peu différente de celle qui vient d'être discutée.

M. le Président. Elle a son intérêt. . . . .

Messieurs, je me garderai de vouloir tirer une conclusion nette et précise de la discussion qui vient de se produire. On peut dire que l'école classique, quand elle recommande de rétrécir la relation nutritive, jette en quelque sorte un cri d'alarme et met les agriculteurs en garde contre les imprudences qu'ils pourraient commettre en l'élargissant par trop. Mais, comme le disait M. Sanson lui-même, il faut s'incliner devant l'expérience, et si l'expérience bien faite vous permet d'élargir la relation dont il est question, certes, ce n'est pas M. Sanson qui vous en fera le reproche. Il n'a, en effet, qu'un but, c'est d'arriver au meilleur résultat avec la plus grande économie possible. C'est à vous, Messieurs, en vous appuyant sur ce guide autorisé, à faire vous-mêmes des expériences dans des conditions rigoureuses. C'est là, encore une fois, la conclusion la plus utile à tirer de cette lutte brillante qui vient de se dérouler devant nous et dont l'Assemblée sera unanime à remercier avec moi les deux champions, M. Sanson et M. Mallèvre. (*Applaudissements.*)

Nous passons au rapport de M. Brechemin. Je donne la parole à ce dernier.

M. Brechemin. Messieurs, j'ai d'abord à vous remercier de l'intérêt que vous voulez bien porter à nos petits animaux de basse-cour. M. le Président — que je remercie en passant des termes trop élogieux qu'il a bien voulu employer en parlant de moi — a fait remarquer que la production de ces animaux représentait une valeur annuelle de 439 millions. Ces chiffres se passent de commentaires, et je me bornerai à vous citer quelques-unes des expériences auxquelles je me suis livré, en m'excusant de ne pas apporter ici la compétence d'un savant de laboratoire, et ce sont des expériences pratiques d'éleveur que j'ai à vous présenter.

M. Brechemin donne lecture de son *Étude sur l'alimentation des oiseaux de basse-cour*. (Voir cette étude *in extenso*, p. 35 [1].)

M. le Président. Il semble résulter de vos expériences qu'une relation nutritive étroite est favorable à l'alimentation de la volaille.

M. Mallèvre. J'ai eu l'occasion, il y a quelques jours, de prendre connaissance des résultats d'expériences américaines sur l'alimentation des volailles. Ces résultats confirment l'opinion de M. Brechemin ; on a trouvé que l'alimentation riche en matière azotée leur était très favorable, spécialement pour les poules pondeuses. Il ne faut pas en être surpris. En effet, les poules pondeuses abandonnent presque chaque jour une quantité considérable de matières azotées pour fabriquer l'œuf : de là, une perte qui doit être compensée. C'est également une loi physiologique que, plus les animaux sont petits, plus ils ont besoin d'azote pour un poids déterminé. On doit donc s'attendre à voir les petits ani-

[1] À la suite du rapport qu'a bien voulu nous demander la Société d'alimentation rationnelle du bétail, nous avons cru utile d'ajouter une expérience en cours d'exécution qui a déjà donné des résultats assez remarquables, au point de vue de la précocité, pour servir de point de départ à une alimentation type pour les jeunes poulets.

Voici la nourriture qui a été distribuée, durant un mois, à 50 poussins nés le 1er avril :

Mie de pain	0k 305
Chapelures	6 850
Farine de tourteau de maïs	11 600
Tourteau de coprah	3 965
Farine de viande boucanée	7 850
Viande de cheval crue	0 160
Millet	1 630
Sarrasin	0 950
Pomme de terre	0 025
Œufs durs (9 œufs)	0 450
Son	0 860
Carottes, navets cuits	0 280
Verdures diverses (oseille, chicorée, épluchures)	3 070
Lentilles	0 125
Phosphate de chaux	0 175

Le poids total des poussins à un mois était de 13 kilogr. 625 ; le prix de revient de l'alimentation étant de 9 francs environ, le kilogramme de viande de poulet ressortirait donc à 0 fr. 65.

Les poussins mis en expérience étaient de races diverses : ferme, Dorking, Faverolles, Andalous.

Pour les poussins de ferme, les poids variaient de 185 à 340 grammes, et pour les Faverolles, de 205 à 470 grammes. Ces poids, étant de beaucoup au-dessus de la moyenne, démontrent que la nourriture distribuée, tout en étant économique, donnait les meilleurs résultats au point de vue de la croissance rapide.

D'autre part, si l'on recherche la composition de la nourriture distribuée, on se trouve en présence d'une relation nutritive extrêmement étroite puisque les aliments distribués contenaient :

Matières azotées	9k 282.89
Matières grasses	2 784.67
Matières hydrocarbonées	14 758.06
Cendres	1 894.30

ce qui tendrait à établir qu'il est indispensable, pour obtenir une croissance rapide des poulets, de distribuer une quantité de matières azotées relativement considérable.

L'expérience poursuivie pendant trois mois sur les mêmes sujets démontrera si cette affirmation est exacte.

maux, et en particulier les oiseaux de basse-cour, dont il est question ici, exiger des rations plus azotées que les animaux domestiques de grande taille, moutons, bovidés, etc.

M. Le Conte. M. Mallèvre a fait observer, en ce qui concerne les gros animaux soumis à l'engraissement, que, plus la ration contient de matières grasses, plus l'animal engraissera. Il en est différemment des volailles; ce n'est pas la graisse que nous recherchons, car nous savons que la poule, lorsqu'elle devient trop grasse, ne pond plus, ou pond mal. Il faut pour la volaille des rations à relation étroite, riches en azote.

M. Brechemin. Je suis de l'avis de M. Le Conte en ce qui concerne la production des œufs, mais, dans l'élevage des poules, il est une autre spéculation très lucrative, celle de la production de la viande pour la vente. Il n'y a donc, quand on suit cette direction, rien à craindre de l'abus des matières grasses, si celles-ci peuvent amener un engraissement plus rapide.

M. Sanson. Il ne faudrait pas croire, d'après ce que vient de dire M. Le Conte, qu'il est nécessaire que, dans la ration alimentaire, il y ait beaucoup de matières grasses. L'expérience physiologique démontre très clairement qu'au delà d'une certaine proportion de matières grasses, celles-ci deviennent nuisibles à la digestion, et provoquent la diarrhée. Toutes les expériences faites à cet égard ont conduit à conclure qu'il ne fallait pas dépasser comme relation — car il n'y a pas que la relation nutritive, il y a aussi la relation adipoprotéique — 50 p. 100 ; il ne doit pas y avoir plus de 0 kilogr. 500 de matières grasses pour 1 kilogramme de matières azotées. La proportion des matières grasses qu'on donne en général n'est donc pas suffisante pour que l'importance du rôle de ces matières soit prise en grande considération. La graisse se forme principalement aux dépens des hydrates de carbone, dont la proportion est très grande. Il est, d'ailleurs, très simple d'expliquer comment il se fait que la relation étroite est favorable à l'alimentation des poussins; rien n'est plus simple. Quand on veut construire une maison, il faut des matériaux; la maison des poussins est en viande, c'est-à-dire en matière azotée. Il faut bien leur donner les éléments nécessaires pour la constituer. Il en est de même de tous les cas analogues et d'autant plus qu'il s'agit d'animaux plus près du moment de leur naissance.

M. Brechemin. L'observation de M. Le Conte ne peut pas s'appliquer aux animaux qui sont destinés au marché. J'ai fait remarquer que, dans l'élevage pratiqué dans le Houdanais, ce sont les matières hydrocarbonées qui dominent dans la ration : 2 kilogr. 600, contre 0 kilogr. 290 de matières grasses.

M. LE PRÉSIDENT. Ces observations corroborent ce qui a été dit dans la discussion précédente, à savoir que la relation nutritive doit être assez étroite quand il s'agit soit d'animaux en période de croissance, soit d'animaux laitiers ou pondeurs. La volaille se trouve toujours dans l'une ou l'autre de ces conditions. La discussion qui s'est poursuivie tout à l'heure n'est donc pas dépou vue de sanction, comme il pouvait le sembler au premier abord, puisque, dans un cas particulier, grâce aux expériences très bien faites de M. Brechemin, nous trouvons la confirmation des observations présentées.

Nous arrivons au rapport de M. Dechambre sur l'emploi de la mélasse dans l'alimentation du bétail. La parole est à M. Dechambre.

M. DECHAMBRE. A la demande de plusieurs membres de la Société, nous allons rappeler brièvement dans quelles conditions et en quelle quantité la mélasse peut être donnée aux animaux.

On administre la mélasse :

1° En mélange avec les aliments;
2° Dans l'eau de boisson.

Voici comment on procédera pour chaque espèce :

Bœufs...}	
Vaches laitières..}	2ᵏ 500
Génisses...	1 000

Grands ruminants. — La mélasse est diluée dans trois ou quatre fois son poids d'eau, et mélangée, par un brassage énergique, avec la pulpe de sucrerie ou avec les betteraves hachées. Le mélange est préparé douze heures à l'avance; il se produit dans la masse une légère fermentation dont l'action est favorable.

Les vases à distribution et les mangeoires seront nettoyés fréquemment.

Moutons. — On donne de 0 kilogr. 300 à 0 kilogr. 400 de mélasse par tête, celle-ci étant mélangée aux aliments comme ci-dessus.

La mélasse favorisant la digestibilité des pailles et des fourrages avariés, on se trouvera bien de diviser ces substances et de les arroser avec une dilution de mélasse.

Exemples de rations pour vaches :

Vaches de 600 kilogrammes.	Foin de trèfle......................	2ᵏ 500
	Pulpe de betteraves...................	50 000
	Paille d'avoine.....................	5 000
	Tourteau de coton...................	1 000
	Mélasse..........................	2 000
Vaches de 500 kilogrammes.	Foin............................	3ᵏ 000
	Navets..........................	40 000
	Paille...........................	2 500
	Tourteau de coton...................	1 000
	Mélasse..........................	2 000

On emploie habituellement le mélange :

Eau..	100 litres.
Mélasse..	5 kilogr.

Il n'y aucun inconvénient à opérer avec :

Eau..	100 litres.
Mélasse..	20 kilogr.

en agitant énergiquement pour que le fourrage soit également imprégné. On laisse vingt-quatre heures avant la distribution.

Le brassage se fait sur une aire carrelée, de préférence dans une cuve; l'eau mélassée qui s'écoule au fond est mélangée avec une solution fraîche et sert à une nouvelle préparation.

Chevaux. — La paille hachée, arrosée de mélasse dans les conditions indiquées ci-dessus, convient pour les chevaux poussifs.

Les autres recevront l'aliment soit en mélange avec le fourrage, soit dans l'eau de boisson :

2 kilogrammes pour chevaux de trait;
0 kilogr. 700 à 1 kilogramme pour chevaux utilisés aux allures vives.

Pour tous les cas, on procédera par introductions progressives; on surveillera les excréments des animaux et l'état de l'appareil digestif, la mélasse donnée à dose trop forte amenant des accidents de diarrhée.

M. Le Conte. Une circulaire du 16 novembre dernier, du Ministre des finances, simplifie beaucoup les formalités pour l'emploi de la mélasse. Ces formalités étaient telles autrefois qu'elles équivalaient à une prohibition. Il suffit aujourd'hui de faire une demande en indiquant le nombre de têtes de bétail de l'exploitation.

Maintenant, je voudrais demander à M. Dechambre si l'on a fait des expériences comparatives sur l'emploi de la mélasse.

M. Dechambre. Pas encore, surtout d'une manière continue et régulière. Mais actuellement différents élèves de l'École y travaillent.

M. le Président. Personnellement, j'ai fait des expériences l'année dernière sur de jeunes porcs et j'ai été obligé de constater que la mélasse ne donne aucun résultat. Mais on m'a fait observer que ce n'étaient pas les porcs qui étaient les meilleurs utilisateurs de cet aliment. J'ai constaté, quoi qu'il en soit, que sur les porcelets la mélasse restait presque inefficace.

M. René Berge. J'ai lu avec intérêt, dans le compte rendu du Congrès de l'année dernière, que, suivant l'origine des mélasses, on se trouvait en présence de produits différents dont l'action sur l'alimentation, sur l'engraissement, était aussi différente. Je voudrais demander à l'honorable Rapporteur de quelle mélasse il parle et comment on peut se procurer la mélasse la plus profitable pour l'alimentation du bétail.

M. Dechambre. La mélasse agit surtout en raison de sa teneur en matières hydrocarbonées. Sa teneur en matières azotées est très variable.

M. René Berge. Il serait très intéressant de savoir de quelle mélasse vous vous êtes servi pour la ration que vous voulez bien nous indiquer.

M. le Président. Les mélasses, au point de vue de la composition en sucre, c'est-à-dire au point de vue alimentaire, sont à peu près identiques; elles sont livrées par les sucriers à 44 degrés. La différence porte surtout sur la dose en sels potassiques, lesquels peuvent être nocifs.

M. Dechambre. Si la mélasse était un aliment de composition constante, la question serait bien simplifiée. Nous dirions : la mélasse est un aliment de telle composition moyenne, il faut la donner aux bêtes en telle quantité. Mais, en raison de sa variabilité, nous sommes obligés de faire des réserves.

M. Sanson. Ce n'est pas tant comme aliment nutritif que se fait sentir l'utilité de l'emploi de la mélasse. On a une tendance, non seulement en France, mais à l'étranger, à exagérer beaucoup l'importance de la mélasse. L'expérience a démontré que la grande utilité de la mélasse, c'était d'exciter l'appétit des animaux.

La nocivité des sels contenus dans la mélasse ne se fait pas sentir quand on ne dépasse pas pour un grand animal de taille moyenne 2 kilogrammes de mélasse. Jusque-là, la proportion de sel n'est pas suffisante pour produire l'effet diurétique et purgatif. Mais il ne faut pas aller au delà.

M. le Président. En somme, vous ne considérez pas la mélasse comme étant un aliment.

M. Sanson. Je ne dis pas cela; elle contient du sucre et le sucre est un aliment. Mais je dis que la proportion dans laquelle on peut la donner sans danger aux animaux n'est pas suffisante pour qu'elle joue un grand rôle dans l'alimentation.

M. Mallèvre. Cette proportion peut cependant représenter 1 kilogramme de sucre.

M. Le Conte demandait tout à l'heure si l'on avait fait des expériences sur la valeur nutritive de la mélasse; on en a fait un assez grand nombre; mais elles n'ont pas donné des résultats très nets. Je puis citer cependant une série d'expériences faites en Danemark dans des conditions exceptionnelles sur des vaches laitières, et sur des lots comparatifs. Lors des Congrès antérieurs, j'ai déjà parlé de la méthode danoise, la plus remarquable suivant moi que l'on puisse employer pour l'étude des problèmes pratiques de l'alimentation. On a pris des vaches qui recevaient en moyenne par jour 15 kilogrammes de betteraves et 2 à 3 kilogrammes d'aliments concentrés en sus des aliments grossiers et fournissaient en moyenne de 10 à 11 litres de lait. On a remplacé dans la ration les graines de céréales par des aliments mélassiques kilogramme par kilogramme. La quantité de lait fournie est restée la même. On n'a constaté qu'un léger fléchissement du poids des animaux, mais si faible qu'il est permis de le négliger. On a pu conclure de ces expériences que l'aliment mélassique et la mélasse elle-même avaient une valeur nutritive qui, à poids égal, n'est pas très sensiblement inférieure à celle des graines de céréales.

M. Le Conte. En admettant que l'on paye la mélasse 7 à 8 francs, on réaliserait donc une économie en substituant 2 kilogrammes de mélasse à 2 kilogrammes de graines ?

M. Mallèvre. On a trouvé, en effet, le procédé économique en Danemark, mais on ne peut pas s'y procurer beaucoup de mélasse.

M. Vaury. M. Grandeau s'est beaucoup occupé de la question de la nourriture des chevaux par le pain de mélasse; lui-même ou M. Alekan viendront vous donner des renseignements à cet égard lundi prochain.

Il est acquis aujourd'hui — et M. Grandeau ou M. Alekan, je le répète, vous le diront — que la mélasse, sous cette forme, est non seulement un condiment, mais même une nourriture complète, qui remplace facilement l'avoine.

M. le Président. Si M. Grandeau veut nous apporter le résultat de ses expériences personnelles, nous l'écouterons avec le plus grand plaisir. L'article qu'il vient de publier dans le journal *le Temps* semble indiquer que la tourbe mélassique, qui joue un grand rôle en Allemagne dans l'alimentation du bétail, coûte fort cher. Si vous voulez bien vous reporter au compte rendu du dernier Congrès, vous verrez des reproductions d'articles de revues et une lettre de M. le Dr Lydtin, indiquant que cette nourriture à la tourbe mélassique avait un très grand succès en Allemagne et qu'on la payait jusqu'à 20 francs les 100 kilogrammes. Nous nous sommes demandé, en voyant en 1897 ce produit à l'Exposition de Hambourg, comment il pouvait constituer un aliment. On nous a répondu de toutes parts que c'était une nourriture excellente, à ce point que son inventeur avait fait fortune. M. Grandeau, dans l'article en question, s'inscrit en faux contre l'efficacité de cette nourriture.

M. Sanson. Il y a autre chose que de la mélasse dans le pain de M. Vaury; je crois en avoir eu connaissance autrefois. D'ailleurs, j'admets tous les aliments, à la condition que le prix n'en dépasse pas la valeur.

M. Vaury. C'est meilleur marché que l'avoine, et la valeur nutritive en est plus élevée.

Un Membre. Combien ce pain vaut-il ?

M. Vaury. 16 francs les 100 kilogrammes.

M. Le Conte. C'est le même prix que l'avoine.

M. Vaury. L'avoine vaut 20 francs dans Paris.

M. le Président règle l'ordre du jour de la prochaine séance.

La séance est levée à 5 heures 30.

SÉANCE DU LUNDI 6 MAI 1901.

La séance est ouverte à 2 heures 20 minutes, sous la présidence de M. Eugène Mir, sénateur, assisté de plusieurs membres du Comité.

M. LE PRÉSIDENT. Messieurs, notre ordre du jour comporterait d'abord la discussion du rapport de M. Girard sur la valeur alimentaire de l'ajonc, puis une communication de M. Vassillière sur l'utilisation des sarments de vigne dans l'alimentation du bétail, et, enfin, une autre communication écrite de M. Garola sur le taux de l'azote des principales matières albuminoïdes azotées.

Avant d'entamer la discussion sur la valeur alimentaire de l'ajonc, je vous rappellerai que, samedi dernier, nous avons amorcé la question de l'alimentation par la mélasse; nous avons la bonne fortune d'avoir au milieu de nous aujourd'hui M. Tétard, qui a manifesté le désir de faire une communication à ce sujet. Si vous le voulez, nous allons continuer l'examen de cette question de la mélasse avant d'aborder la discussion des rapports à l'ordre du jour. (*Adhésion.*)

La parole est à M. Tétard.

M. TÉTARD. Messieurs, comme vous le savez, la question de l'emploi de la mélasse dans l'alimentation du bétail est en ce moment à l'ordre du jour. Les distillateurs, très inquiets des quantités d'alcool produites maintenant, qui pèsent sur les cours et les amènent à un point qui ne laisse plus de bénéfices pour les cultivateurs de betteraves, voudraient voir diminuer les quantités d'alcool extrait tant des betteraves que de la mélasse et des matières farineuses. Ils ont formulé une demande adressée au Ministère de l'agriculture, tendant à la suppression de la tolérance de 14 p. 100, accordée à la fabrication des sucres par la loi de 1884, à la condition que les mélasses non osmosées iraient à la distillerie.

Le Gouvernement, inquiet à ce moment de la quantité de mélasse travaillée pour en extraire le sucre que l'on ne pouvait obtenir par les procédés de fabrication ordinaires et que l'on obtenait par les procédés d'osmose, avait accordé 14 p. 100 de décharge aux mélasses allant à la distillerie.

Les distillateurs, aujourd'hui, demandent la suppression de cette décharge de 14 p. 100 et émettent le vœu qu'elle soit attribuée seulement aux mélasses destinées à l'alimentation du bétail et aux usages agricoles.

Nous ne savons ce qui résultera de cette demande, mais, d'autre part, nous nous sommes nous-mêmes, fabricants de sucre, préoccupés de l'utilité qu'il y a à employer la mélasse dans l'alimentation du bétail, et nous étudions en ce moment le moyen de donner des mélasses dénaturées non pas au bétail, bien entendu, mais d'abord au consommateur, au cultivateur, veux-je dire.

Donner de la mélasse liquide telle qu'elle sort de nos usines à de grands fermiers qui auront chez eux des moyens de la dénaturer et de la préparer pour les usages agricoles, c'est encore possible...

M. LE PRÉSIDENT. Qu'est-ce que vous appelez dénaturation de la mélasse ? le Gouvernement ne l'exige plus.

M. TÉTARD. Certainement, le Gouvernement ne l'exige plus avant la sortie de la sucrerie; il permet de livrer de la mélasse telle quelle à la ferme, et cette mélasse peut être dénaturée en dehors de la régie par le fermier. Mais le petit cultivateur ne pourra pas envoyer chercher 500 kilogrammes de mélasse, par exemple, à la sucrerie. Il faut lui présenter une mélasse dénaturée à l'usine, et la lui présenter sous une forme qui permette son emploi à l'aide des mesures à avoine, litre ou double litre. Il faut qu'il puisse mesurer sa mélasse solide comme il mesure le picotin qu'il donne à ses animaux, et c'est là ce que nous cherchons.

C'est à ce point de vue que, avec M. Grandeau, nous faisons des essais à la manutention des Petites Voitures. La question vaut également la peine d'être étudiée au point de vue de l'augmentation certaine du nombre des consommateurs; car, on pourrait alors expédier les mélasses sous formes de petites noisettes, de croquignoles, qui, passés au four, deviendraient aussi durs que des tourteaux concassés, et seraient d'une conservation aisée. De plus on obtiendrait une grande facilité pour le transport, les sacs de mélasse ainsi durcie pouvant être expédiés sans subir de détérioration.

Voilà donc le problème que nous nous sommes posés, et nous sommes en bonne voie pour le résoudre. Mais, en ce moment, nous nous heurtons à quelques difficultés. Vous le savez, Messieurs, il faut toujours faire une déclaration préalable pour obtenir l'autorisation de recevoir des mélasses; il nous en faudrait 1.500 kilogrammes pour nos expériences; M. Grandeau a fait une demande à l'Administration, il y a sept semaines, et sa lettre, partie de la Direction de Seine-et-Oise pour venir à Paris, est encore sans réponse.

Au Ministère, on paraît très bien disposé à notre égard; cependant l'on nous fait observer que les chevaux des Petites Voitures ne sont pas des animaux de culture, que ces chevaux, par conséquent, ne rentrent pas dans le cas visé par le décret. Il est pourtant bien évident que ces chevaux, comme ceux des Omnibus, consomment les mêmes fourrages que les chevaux de ferme.

M. le Président. Il suffirait d'une démarche auprès de M. le Ministre pour aboutir.

M. Tétard. Je suis allé voir le Directeur à Versailles; je lui ai donné, pour qu'il active la solution de cette question, une lettre qu'il m'avait aimablement demandée. Malgré tout, voilà deux mois que nous attendons.

Maintenant, Messieurs, je me permettrai d'ajouter que, à la section agricole de la Société des Agriculteurs de France, on s'est préoccupé de la question de faire connaître le plus possible aux cultivateurs les facilités qui existent dès maintenant pour l'emploi de la mélasse en agriculture. Une commission spéciale, dont le rapporteur était M. Rolland, que la plupart d'entre vous connaissent certainement, a élaboré un travail que la Société a fait tirer à un assez grand nombre d'exemplaires. Un grand nombre d'exemplaires de ce rapport seront remis aux syndicats agricoles pour être répandus par eux dans les campagnes. Je vous demande la permission de vous en donner lecture :

« La Société des agriculteurs de France rappelle aux cultivateurs et propriétaires d'animaux que, par suite d'une décision de M. le Ministre des finances, en date du 16 novembre dernier, de *très grandes facilités* sont accordées pour permettre aux agriculteurs d'introduire la mélasse dans les rations alimentaires.

« *Pendant un an, et à titre d'essai, les fabricants de sucre sont autorisés à expédier leurs mélasses aux agriculteurs.*

« *Les cultivateurs sont autorisés à incorporer aux fourrages*, HORS LA PRÉSENCE DU SERVICE, *des mélasses en nature expédiées directement des fabriques.*

« Il suffit, tout simplement, pour le cultivateur qui veut obtenir des mélasses, de produire une demande visée par l'autorité locale et mentionnant le nombre d'animaux attachés à l'exploitation. Muni de cette pièce, le Service des contributions résidant dans chaque usine en laissera sortir la quantité nécessaire aux cultivateurs.

« Il est bien évident qu'au préalable, le cultivateur se sera mis d'accord avec le fabricant pour l'obtention de ce produit. Nous ne doutons pas que MM. les fabricants de sucre ne mettent toute leur bonne volonté à favoriser l'emploi de cet aliment, qui peut rendre tant de services à l'agriculture, surtout dans les années de sécheresse où le manque de fourrages se fait si vivement sentir.

« La mélasse obtenue arrive donc maintenant à la ferme à l'état nature. Il n'est plus, par cette nouvelle décision, nécessaire de la dénaturer avant l'emploi, et le cultivateur peut la donner ainsi. Il n'y a plus obligation d'indiquer ni à combien d'animaux on la destine, ni quelle dose on doit donner à chaque animal. Le cultivateur fait la distribution comme il le juge à propos. La seule obligation qui lui reste est de tenir un carnet sur lequel il inscrit chaque jour la quantité totale donnée dans la journée. Cette formalité est très simple et ne saurait être un obstacle.

« Il y a donc une grande amélioration apportée dans les facilités données aux agriculteurs pour employer la mélasse. Jusqu'ici les difficultés étaient telles qu'il était pratiquement impossible de l'utiliser. Il n'en est plus de même aujourd'hui, grâce à la nouvelle décision de M. le Ministre des finances, décision temporaire il est vrai, mais que nous espérons voir maintenue définitivement. Il a donc paru qu'il était utile de rappeler aux agriculteurs que la mélasse pouvait rendre de grands services dans la nourriture du bétail. Il est permis de penser que ce mode d'alimentation pourra prendre une grande extension. L'agriculture française, en faisant consommer cette nourriture excellente et économique, tout en trouvant profit, viendra en aide à la sucrerie et à la distillerie, car elle déchargera du même coup le marché des sucres et celui des alcools déjà trop encombré.

« Il résulte des remarquables et probantes recherches de M. le professeur Chauveau que le travail physiologique et le travail mécanique extérieurs sont dus à une combustion simple d'hydrates de carbone. Ces hydrates de carbone sont aussi la source de la chaleur animale et, par suite, ils sont placés en tête des aliments, *source d'énergie* musculaire, et les matières azotées reléguées au second plan. La valeur alimentaire du sucre (hydrate de carbone) n'est donc plus à contester.

« Des expériences auxquelles s'est livré M. Grandeau d'une part, et MM. Dickson et Malpeaux d'autre part, il ressort que la mélasse peut, pratiquement et utilement, être introduite dans les rations alimentaires.

« Du reste, cette pratique n'est pas aussi nouvelle qu'elle le paraît. Déjà, en

1829, M. Bernard, fabricant de sucre, signalait les bons effets de la mélasse mélangée avec de la paille hachée pour l'alimentation des chevaux, bœufs, vaches et moutons.

« M. Decrombecque, à Lens, a obtenu des résultats excellents en introduisant des mélasses dans la nourriture des chevaux emphysémateux (poussifs). En Angleterre, on emploie communément des mélasses coloniales pour nourir le bétail.

« L'Allemagne en fait une énorme consommation, surtout sous forme de tourteaux de palme ou de tourbe.

« Tous les animaux indistinctement tirent profit de cette alimentation.

« Il a été reconnu qu'une des bonnes manières d'employer la mélasse était de la mélanger avec des fourrages et des pailles hachées, ou menues pailles. C'est même un excellent moyen de faire consommer ces pailles et fourrages lorsqu'ils sont légèrement avariés, ayant un goût les faisant accepter difficilement et même refuser par les animaux. Il suffit alors de les arroser tout simplement d'une solution mélassée vingt-quatre ou quarante-huit heures avant la distribution. On les fait prendre ainsi par le bétail, qui en devient très avide.

« Ajoutée à la pulpe de sucrerie, la mélasse remplace économiquement une certaine quantité de tourteaux donnés généralement comme adjuvant de la ration ; on fait ainsi, comme le disait un de nos collègues, une betterave artificielle, contenant tous les principes de la véritable.

« L'action de la mélasse sur les chevaux poussifs est bien certaine et permet l'utilisation de ces animaux en agriculture ; elle diminue tellement la pousse que l'animal peut continuer son service.

« C'est un aliment et un condiment : aliment par le sucre qu'elle contient dans une notable proportion (44 p. 100 de matières saccharines), condiment par la saveur et l'appétence qu'elle donne aux parties de la ration, et à un tel point qu'elle fait accepter des fourrages que les animaux refusaient précédemment.

« Son emploi, néanmoins, nécessite quelques précautions, et nous croyons nécessaire, pour éviter des mécomptes, d'appeler l'attention des cultivateurs sur ce point. Les matières minérales provenant des sels résultant de la combinaison des bases alcalines, soude et potasse, avec les acides organiques, malates, tartrates, citrates ou autres (sulfates), s'y trouvent dans une assez forte proportion et ont une action laxative, qui empêche de la donner dans une trop grande quantité.

« Les chiffres admis par M. Grandeau semblent démontrer qu'on peut donner les quantités suivantes :

Chevaux.. 1^k 500^{gr}
Bœufs de trait.. 2 500
Vaches laitières.. 2 000

« Il est bien entendu que nous ne donnons ces chiffres qu'à titre de simples renseignements.

« Il nous est aussi possible de dire qu'actuellement la mélasse titrant 44 p. 100 de matières saccharines vaut en sucrerie environ de 6 francs à 6 fr. 50 les 100 kilogrammes, pris en gros; on doit pouvoir l'obtenir pour 7 à 8 francs en détail, non logée et prise à l'usine.

« Sous le bénéfice de ces observations, nous n'hésitons pas à recommander aux cultivateurs d'introduire cette nourriture dans la ration alimentaire du bétail : ils y trouveront certainement un avantage réel.

« La mélasse peut encore trouver son emploi dans les bouillies cupriques ou ferriques servant à sulfater les vignes, pommes de terre et betteraves. Son pouvoir agglutinant fixe à la feuille de la plante, d'une manière fort utile, les sels dont on se sert dans ces opérations.

« La Société des agriculteurs de France (section des industries agricoles) prie instamment les personnes qui auront fait usage de la mélasse de bien vouloir faire connaître les résultats obtenus, afin de les centraliser et d'en tirer des conclusions permettant à la Société d'obtenir que la décision temporaire de M. le Ministre des finances soit maintenue définitivement. »

Vous voyez, Messieurs, que, maintenant, tout possesseur de bétail peut avoir de la mélasse sur une simple déclaration visée par le maire de la commune. Pour les grands cultivateurs qui ont à leur disposition des moyens de dénaturation et des hache-paille, je sais bien qu'il n'y a pas de difficulté; mais le petit cultivateur, qui fait le nombre, en somme, n'a pas le matériel nécessaire pour faire un emploi judicieux de la mélasse. Ce que nous voulons, c'est lui donner des mélasses dénaturées dans les fabriques et facilement transportables et utilisables sans pertes. Nous voulons qu'un cultivateur des Bouches-du-Rhône, qui nous demandera 500 kilogrammes de mélasse et n'en consommera que 20 à 25 kilogrammes par jour, puisse la conserver sans perte jusqu'à la fin de sa commande.

Enfin, permettez-moi, en terminant, de citer M. Rolland, qui s'exprime ainsi :

« Avant que j'emploie la mélasse, *mes bœufs à l'engrais* recevaient :

« De la pulpe de distillerie (diffusion);

« Une botte de paille d'avoine;

« 2 kilogrammes de tourteau de lin.

« J'ai pu remplacer les 2 kilogrammes de tourteau de lin par 3 kilogrammes de mélasse, tout en laissant intact le reste de la ration.

« L'engraissement a été obtenu plus vite que les autres années et la qualité de la viande était bonne, puisque les bœufs ont été vendus, il y a trois semaines, au prix de 0 fr. 80 le kilogramme vivant.

« *Mes bœufs de trait*, continue M. Roland, reçoivent par jour 2 kilogrammes de mélasse en remplacement de 1 kilogr. 250 de tourteaux. Ils se portent bien et fournissent, en ce moment, un travail très pénible.

« *Mes chevaux* ont, par jour, 1 kilogr. 500 de mélasse. »

Ainsi donc, M. Roland substitue purement et simplement la mélasse au tourteau de lin.

Je fais remarquer, en passant, que les pulpes provenant de distillerie sont généralement plus riches en protéine que les pulpes de sucrerie.

J'ai d'autres exemples que je veux citer également.

M. Parmentier, agriculteur à Raray, a pu, en poursuivant l'engraissement de ses bœufs, remplacer 3 kilogrammes de tourteau par 3 kilogr. 500 de mélasse, le reste de la ration ne variant pas. Trente-cinq bœufs ont été engraissés de cette façon; l'engraissement a marché plus vite que de coutume et la viande obtenue était de bonne qualité.

Voici encore un troisième exemple, qu'on me communique en seconde main et qui vient du département du Nord :

Des bœufs mayennais, fort maigres, pesant 320 à 350 kilogrammes à leur arrivée à la ferme, ont reçu chaque jour :

Balles de céréales.	10 kilogr.
Mélasse de sucrerie.	3
Orge broyée.	3
Tourteau.	1

Après cinquante jours de ce régime, les bœufs étaient en très bon état. Le propriétaire de la ferme estime qu'en trois mois il n'aurait pu obtenir le même résultat en composant les rations avec de la pulpe de distillerie (presses) et 3 kilogrammes de tourteau.

Voilà, Messieurs, des exemples à l'appui de ce que je viens de dire; si quelqu'un a des explications à me demander, je suis à sa disposition.

M. le Président. En réponse à ce que vient de dire M. Tétard, je me permettrai de lui présenter quelques observations.

Je suis un grand partisan de l'emploi de la mélasse et je crois même, à cet égard, pouvoir rappeler que la Société d'alimentation rationnelle du bétail n'est peut-être pas étrangère à la mesure prise par M. le Ministre de l'agriculture. M. le Ministre assistait, en effet, dans un de nos congrès, à une discussion sur la mélasse, et c'est en sa présence qu'a été formulé le vœu que le Gouvernement facilitât l'emploi des mélasses. Depuis, le bureau, avec l'honorable M. Tisserand, son président d'honneur, a fait plusieurs démarches auprès des Ministres des finances et de l'agriculture; c'est donc avec raison, dis-je, que nous pensons n'être pas étrangers à la mesure qui a été prise.

Maintenant, M. Tétard nous disait que l'on se préoccupait autour de lui de cette question de la dénaturation des mélasses. Il emploie ce terme de dénaturation, je lui demande la permission de lui dire qu'il est impropre et qu'il s'agit plutôt d'une condensation. Que veut-il faire en effet? Rendre la mélasse moins lourde, lui enlever son eau en même temps que la dessécher et en permettre le transport sous forme de picotins. C'est là un principe excellent, car je crois que le petit cultivateur achètera plus facilement une certaine quantité de ces *berlingots*, si vous me permettez d'employer cette expression. Pourtant, il ne faudrait pas trop grever le prix de la mélasse de frais accessoires. Le prix en est déjà assez élevé.

Je ne conteste pas que, au point de vue économique, vous ayez, vous personnellement, un intérêt à employer de la mélasse; je ne conteste pas que, dans votre voisinage, on y ait intérêt, parce que l'on a pour cet emploi des facilités particulières. Mais, dans mon département, par exemple, dans l'Aude, nous n'avons pas de sucrerie; il y en a une près de Vaucluse et il y a la sucrerie de Bourdon dans le Puy-de-Dôme. Elles sont assez éloignées de nous et, par suite, la mélasse rendue chez nous nous revient assez cher. Elle coûte d'abord, valeur vénale, o fr. 15 le degré; comme elle contient 44 p. 100 de sucre, cela fait o fr. 15 × 44 = 6 fr. 60. En outre, la mélasse, très fluide, doit être logée dans des tonneaux assez étanches qui l'empêchent de couler; il faut se servir de fûts dits *pétroliers;* les plus économiques que l'on trouve coûtent de 4 à 5 francs. Mettons 4 francs; cela donne donc un total de 10 fr. 60 pour la mélasse prise à l'usine, avant la mise sur wagon. Enfin, quelque faible que soit la distance à lui faire parcourir, on arrive vite à un prix de transport de 2, 3 et même 4 francs, soit 13 à 14 francs pour des mélasses rendues à la ferme. Pour ce prix, dans notre département, nous avons des tourteaux de coton non décortiqués, et même pour un prix moindre, puisqu'ils nous reviennent à 10 ou 11 francs.

Dans ces conditions, si la sucrerie ne fait pas quelques sacrifices pour abaisser le prix des mélasses, je me demande si vous pourrez arriver à une propagation bien grande de ce produit.

Enfin, est-il bien économique de se livrer aux manipulations dont parle M. Tétard qui grèveront le prix que je viens d'établir?

C'est là une simple observation d'ordre général; je la confie à ses réflexions.

M. Tétard. Permettez-moi, Monsieur le Président, de maintenir mon mot de dénaturation. Nous ne pouvons pas livrer des mélasses condensées; la Régie ne permettrait pas de les sortir sous cette forme. La mélasse ne pourrait entrer que pour 40 ou 50 p. 100 dans les tourteaux que nous avons l'intention de fabriquer.

M. le Président. Dans ces conditions, c'est une véritable dénaturation dont il s'agit; je croyais, au contraire, qu'il ne s'agissait purement et simplement que de la dessécher.

M. Tétard. Non. C'est une véritable dénaturation, et, pour sortir et expédier des mélasses, il faut les présenter à la Régie sous cette forme. Nous y ajouterons des farines basses, des remoulages, des tourteaux pulvérisés, en un mot, des matières pulvérulentes et absorbantes.

M. le Président. C'est ce que fait votre voisin, M. Vaury.

M. Vaury. Il y a déjà quatre ans, Monsieur le Président, que j'utilise ce procédé; j'envoie dans la France entière des mélasses sous formes de gâteaux.

M. le Président. Oui, mais cela coûte un peu cher peut-être.

M. Sanson. Je crois que la Régie se préoccupe de rendre les mélasses impropres à la distillerie, de les dénaturer.

M. Tétard. Vous savez bien quelle installation coûteuse il faut pour faire de l'alcool avec les mélasses, tandis que, au contraire, avec les matières farineuses, c'est une opération très simple qui ne nécessite pas de très grandes manipulations et peut même se faire dans une cuisine. A mon avis, les craintes de l'Administration à ce sujet sont absolument chimériques.

M. LE PRÉSIDENT. Puisque vous nous conviez à vous demander des explications, permettez-moi de vous poser une question.

Samedi dernier, M. Sanson, à propos des sels potassiques que contient la mélasse, nous disait qu'il y a une certaine différence dans les quantités de sels de potasse contenues dans les mélasses provenant des sucreries du Nord et celles qui proviennent de la sucrerie de Bourdon, par exemple; savez-vous quel est, en pratique, l'écart qui existe entre ces mélasses à ce point de vue? Vous n'ignorez pas, en effet, que, plus les mélasses sont riches en sels, moins on peut en donner au bétail.

M. TÉTARD. Je ne sais pas quels sont les procédés employés à Bourdon, mais je crois qu'ils ne s'éloignent pas beaucoup de ceux employés dans le Nord.

M. SANSON. Cette différence tient à la nature des betteraves. J'ajouterai que, à Bourdon, on travaille la mélasse pour en extraire la potasse.

M. TÉTARD. Toutes les distilleries industrielles se livraient à cette opération ; elles avaient toutes des fours pour extraire la potasse de leurs vinasses ; mais je crois que l'on a presque complètement renoncé à cette pratique actuellement; car le charbon est d'un prix trop élevé, et celui de la potasse trop bas. Il n'y a plus de bénéfice à se livrer à cette opération.

Maintenant, que la différence dont parle M. Sanson tienne à la nature du sol, je n'en sais rien.

M. SANSON. Si; c'est un fait reconnu. M. Dehérain a montré que le sol de la Limagne donne des betteraves très riches en nitrate de potasse.

Pour en revenir à la question qui nous occupe, je rappellerai que samedi, j'ai fait remarquer que, étant donné les proportions dans lesquelles on emploie la mélasse, cet inconvénient dont parle M. le Président disparaît, parce que la quantité de nitrate absorbée dans 2 kilogr. 500 de mélasse n'est pas suffisante pour produire des effets nuisibles.

M. TÉTARD. Comme je le disais, il faut agir avec prudence et progressivement; il ne faut pas arriver tout de suite aux quantités que j'ai indiquées.

M. le Président. Messieurs, M. Dechambre a indiqué samedi dernier quelques emplois de la mélasse ; il a donné quelques formules de rations économiques dans lesquelles la mélasse pouvait entrer. Le compte rendu de nos séances vous sera distribué bientôt, nous ferons notre possible pour en activer l'impression. Vous aurez donc là des points de repère pour procéder à vos expériences personnelles sur cette question.

M. Cagny. Messieurs, je demanderai au bureau de vouloir bien faire une démarche pour que la mélasse soit livrée plus facilement aux agriculteurs. Je connais beaucoup M. Rolland, j'ai vu les animaux dont il parle, et si je prends la parole, ce n'est certes pas pour démentir ses affirmations ; elles sont rigoureusement exactes, je puis vous le certifier.

Je voulais simplement vous citer un fait qui m'a été raconté par M. Rolland, il y a une quinzaine de jours. Les détails ne sont pas présents à mon esprit, mais il serait très facile de se les procurer. Toujours est-il que le receveur de Compiègne dont nous dépendons tient pour nulle et non avenue la circulaire de M. le Ministre de l'agriculture. M. Rolland a dû voir au Ministère différents chefs de service ; mais je crois qu'il ne serait pas inutile que le Bureau du Congrès joignît ses démarches aux nôtres.

M. le Président. Vous faites appel à l'intervention du Bureau, permettez au Bureau de faire appel à l'intervention de la Société tout entière, et de vous demander de formuler *hic et nunc* un vœu que nous présenterons aux Ministres de l'agriculture et des finances. Aux termes de ce vœu, la Société tout entière demanderait aux Ministres de donner des instructions nouvelles tendant à faire disparaître les entraves qui s'opposent à la livraison prompte des mélasses.

Je mets aux voix l'adoption d'un vœu dans ce sens, vœu que la Société laisse à son Bureau le soin de rédiger.

Le vœu, mis aux voix, est adopté.

M. le Président. Nous allons clore la discussion sur ce point, pour passer à la discussion des rapports inscrits à l'ordre du jour.

La parole est à M. Girard, que nous prions de vouloir bien résume so n rapport sur la valeur alimentaire de l'ajonc, et de nous rappeler les conclusions.

M. Girard. Messieurs, répondant au désir exprimé par M. le Président, je vais résumer brièvement mon rapport qui vous a été distribué, en écartant les nombreux chiffres pour m'arrêter aux conclusions principales, et surtout aux conclusions d'ordre pratique.

Je n'ai pas, Messieurs, à vous faire la description de l'ajonc; c'est une plante connue de tous les agriculteurs. Je vous rappellerai seulement que cette plante est très répandue dans certaines contrées, particulièrement dans ces régions que l'on appelle des landes, et que l'on considère généralement comme des régions déshéritées : la Bretagne, le Limousin, le Périgord et, en général, tous les terrains de formation granitique.

Depuis bien longtemps, — car je n'apporte ici rien de nouveau, — on s'est préoccupé de l'utilisation de l'ajonc...

M. LE PRÉSIDENT. M. Girard est par trop modeste quand il prétend ne rien nous apporter de nouveau. (*Approbation.*)

M. LE RAPPORTEUR. Je vous remercie, Monsieur le Président. L'utilisation de l'ajonc, dis-je, comme engrais, comme litière, a fait l'objet de nombreuses études qui n'ont pas leur place ici; je m'occuperai seulement de la question de son utilisation comme aliment.

Depuis longtemps, en Bretagne, on utilise l'ajonc à ce point de vue. Cependant, si l'on consulte soit les praticiens, soit les auteurs qui ont écrit sur cette question, on est surpris de trouver parmi eux une grande divergence d'opinions. Les uns considèrent l'ajonc comme une plante équivalente aux meilleurs fourrages, même à l'avoine ; d'autres le considèrent comme une plante très inférieure, équivalente à peine à la paille. Il y avait donc lieu de substituer à ces données un peu vagues des données plus précises.

C'est ce que je me suis attaché à faire, d'abord en soumettant à l'analyse un nombre assez considérable d'ajoncs. Les analyses qui existent sont seulement au nombre de quatre ou cinq, et, avec un chiffre aussi restreint, il n'était pas permis d'avoir une idée exacte de la valeur de la plante.

Grâce à l'obligeance de nombreux agriculteurs auxquels je me suis adressé, j'ai pu me procurer des échantillons multiples d'ajonc. A ce propos, même, permettez-moi de faire une réflexion d'ordre général. Nous n'avons pas, dans nos laboratoires de Paris, une grande facilité pour nos travaux ; mais je dois reconnaître que, toutes les fois que nous faisons appel aux agriculteurs, ils nous font toujours un excellent accueil et se mettent à notre disposition de la façon la plus aimable et la plus désintéressée. C'est à cette collaboration que j'ai rencontrée chez tous les praticiens que mes observations doivent une certaine partie de leur valeur.

J'ai inséré dans mon travail une vingtaine d'analyses d'ajoncs qui m'ont été envoyés de 13 ou 14 départements. La composition de la plante est assez uniforme; l'ajonc ne subit pas ces écarts de composition que l'on constate pour les plantes cultivées, les luzernes et les foins. En effet, l'ajonc vient partout dans les mêmes conditions, dans les mêmes formations géologiques; de là une uniformité de composition assez remarquable.

Ce qui nous frappe dans ces analyses, c'est la faible teneur de l'ajonc en humidité; il contient en moyenne 52 p. 100 d'eau. Un autre chiffre est ensuite remarquable, c'est la teneur en cellulose qui s'élève à 14 p. 100. Donc l'ajonc est une plante sèche et ligneuse et point n'est besoin d'insister sur les analyses pour caractériser l'ajonc à ce point de vue.

Je m'arrêterai plus longuement sur un second point qui touche aux compositions relatives de la tige et du piquant de l'ajonc.

Entre ces deux parties de la plante, il existe une grande différence.

La proportion des piquants à la plante, — et par piquants, j'entends toutes les petites ramifications qui partent de la tige et qui sont couvertes d'épines, est de deux tiers. Quant à leur composition, ils contiennent deux fois plus de matières azotées que la tige, et un tiers en moins de cellulose. Ces piquants si gênants sont donc la partie la plus précieuse de la plante. Par conséquent, au point de vue pratique, quand on s'inquiète de l'amélioration de l'ajonc, il faut tenir compte de ce fait que, si l'on veut faire des variétés améliorées en détruisant les piquants, on enlèvera à la plante une grande partie de sa valeur alimentaire. Ce qu'il faut chercher, c'est, au contraire, à accroître le nombre de ces piquants, en les émoussant. C'est là la question à résoudre, et je ne crois pas que l'on y soit encore parvenu.

Mais, pour apprécier une plante, il ne faut pas s'en rapporter uniquement à sa composition chimique, car l'on commettrait des erreurs très graves, la chimie ne pouvant donner que des indications d'ordre général.

Pour avoir une idée précise de la valeur d'un fourrage, il faut, en même temps qu'on l'analyse, le soumettre à l'expérimentation directe. Quand on étudie un engrais, on ne se contente pas de l'analyser; dans les champs d'expériences, on étudie son action sur les plantes : il faut opérer de même dans les questions d'alimentation. Concurremment avec les expériences de laboratoire, il faut faire des essais sur le bétail; il faut établir ce que l'on appelle, — et c'est un principe que j'aime à formuler toutes les fois que j'en trouve l'occa-

sion, parce que c'est l'expression de la pure vérité, — il faut établir sa digestibilité.

M. Tétard. L'estomac des bestiaux est encore le meilleur alambic que l'on
ait trouvé.

M. le Rapporteur. Quoique chimiste, vous voyez, Messieurs, que je n'ai
pas une opinion trop arrêtée sur la valeur de la chimie. Je trouve que le chimiste doit être contrôlé par le bétail, et c'est en somme celui-ci qui a le dernier mot.

J'ai donc soumis l'ajonc à des expériences directes et établi sa digestibilité
au moyen de la méthode classique que vous connaissez et qui est la suivante :
on analyse tout ce que l'animal consomme et tout ce qu'il rend ; par différence,
on a ce qu'il a digéré.

Je passe sur les chiffres et sur les détails de ces expériences et ne m'arrête
qu'à la conclusion suivante en ce qui concerne le cheval : le coefficient de digestibilité des matières azotées est de 56 p. 100, et celui des matières hydrocarbonées de 55 p. 100.

J'ai opéré aussi sur le mouton et, en passant, je dois dire que je n'ai pas
trouvé chez lui le même empressement à accepter l'ajonc que chez le cheval.

Le cheval aime bien l'ajonc ; des chevaux des omnibus l'ont accepté sans
difficulté ; le mouton, au contraire, paraît assez difficile ; il faut ajouter à
l'ajonc du sel, de la mélasse même, pour arriver peu à peu à lui faire consommer sa ration.

M. Sanson. Ceci n'est pas particulier à l'ajonc ; le mouton est, en général,
plus difficile.

M. Girard. Parfaitement, c'est ce que j'ai aussi observé. Quant aux coefficients de digestibilité, ils sont, en ce qui concerne le mouton, comparables à
ceux que l'on trouve pour le cheval. De toutes façons, ces coefficients sont peu
élevés.

Mais ces chiffres ne disent pas grand'chose aux praticiens, il faut avoir une
certaine habitude de les interpréter. J'ai cru que mon travail aurait plus d'intérêt pour les agriculteurs si l'on comparait les résultats de mes essais avec
d'autres obtenus dans les mêmes conditions d'expérience sur des fourrages
connus, la luzerne ou le foin.

Ces comparaisons nous amènent aux conclusions générales suivantes :

L'ajonc frais contient 5o p. 1oo d'eau; il contient un cinquième en moins de matières azotées digestibles que la luzerne verte et presque deux fois plus de matières ternaires digestibles : en somme, l'ajonc frais est nettement supérieur à la luzerne verte. Par conséquent, l'expression de Rieffel, qui a tant fait pour la diffusion de l'emploi de cette plante, me semble très juste : l'ajonc est la luzerne des terres pauvres, en tant que l'on parle de fourrages verts.

Si on le compare à la luzerne sèche, l'ajonc perd ses avantages. L'ajonc sec contient trois fois moins de matières azotées digestibles et deux fois moins de matières ternaires digestibles que le foin de luzerne. En d'autres termes, 25o kilogrammes d'ajonc frais peuvent se substituer à 1oo kilogrammes de luzerne sèche. Ou bien 1oo kilogrammes d'un mélange à poids égal de foin de pré et de foin de luzerne seraient à peu près exactement remplacés par 25o kilogrammes d'ajonc frais, en raisonnant sur des produits de qualité moyenne.

Vous voyez que ceux qui ont exagéré la valeur de l'ajonc, comme ceux qui l'ont trop méprisée, tombaient dans l'exagération. L'ajonc est un fourrage de qualité moyenne, et, tel qu'il est, il n'est pas à dédaigner.

Enfin, si vous voulez vous rendre un compte exact de l'importance de cette plante, il faut vous placer à un troisième point de vue de la question et examiner les conditions de la production de l'ajonc.

Ici, j'avoue que, pour ma part, je n'ai jamais rencontré une plante qui m'ait plus vivement surpris et impressionné au point de vue agronomique.

J'ai étudié les différents types de terre des landes. Ces terres se présentent comme frappées de stérilité; elles n'ont pas d'acide phosphorique, pas de chaux; elles n'ont pas d'azote utilisable, nitrifiable; enfin, elles contiennent de la potasse, mais pas toujours autant qu'on le croirait, étant donné leur origine granitique. Si, dans ces sols, vous semez des fourrages, des luzernes, des foins, des céréales, des plantes sarclées, vous n'obtiendrez rien. Semez-y de l'ajonc, et, presque sans culture, en laissant simplement agir la nature, vous aurez des récoltes comme celles dont j'ai eu l'occasion de mesurer le rendement exact et que je puis fixer à 20,000 kilogrammes par hectare.

Rapprochez ce chiffre des comparaisons que j'ai faites avec la luzerne et le foin, calculez le total des matières digestibles que donne cet hectare d'ajonc et vous trouverez que cette récolte correspond à 8,000 kilogrammes de foin de prairie, c'est-à-dire que la production d'une ajonière vaut, surface pour surface, la production fourragère de nos terres les plus fertiles. J'avais donc raison de dire que l'ajonc était une plante surprenante à ce point de vue.

Vous comprenez, du reste, pourquoi cette plante donne de si beaux résultats. Elle appartient au groupe des légumineuses qui peuvent absorber l'azote et elle fait cependant exception dans cette famille où, seule, elle se place parmi les légumineuses calcifuges. Donc, dans les terres qui ne contiennent pas de chaux, l'ajonc pousse admirablement.

Enfin, en terminant ce travail, j'ai rappelé que les agronomes allemands avaient donné au lupin le nom de *plante d'or des terrains sableux* et j'ai demandé si l'on ne pourrait pas attribuer à l'ajonc le nom de *plante d'or des terrains primitifs.*

Voilà, Messieurs, le résumé très succinct de la communication qu'a bien voulu me demander M. le Président. (*Applaudissements.*)

M. LE PRÉSIDENT. Vous venez de prouver par vos applaudissements, Messieurs, que M. Girard se calomniait quand il prétendait ne rien nous apporter de neuf. Nous estimons, au contraire, que sa communication est du plus haut intérêt et il serait à désirer que son rapport fût répandu dans les pays de landes, pour donner aux propriétaires l'idée non plus de laisser pousser spontanément l'ajonc, mais de le discipliner, pour ainsi dire, de le cultiver, de faire des ajoncières dans lesquelles ils couperaient tous les ans ou tous les deux ans cette récolte merveilleuse.

Permettez-moi, maintenant, de présenter une observation. Vous disiez tout à l'heure, Monsieur Girard, que l'ajonc, dans certaines conditions, était égal ou légèrement inférieur à la luzerne. Pour cela, il faut qu'il contienne une certaine quantité d'acide phosphorique; or vous venez de dire que les terres de landes ne renferment pas d'acide phosphorique. D'où l'ajonc tire-t-il son acide phosphorique ?

M. GIRARD. L'ajonc a besoin de très peu d'acide phosphorique; il a des racines spécialement outillées à cet égard. Une récolte comme celle dont je parlais se contente de 24 kilogrammes d'acide phosphorique par hectare, et les racines de la plante vont le chercher très profondément.

M. SANSON. Et puis, les racines ont une faculté d'extraction bien supérieure à celle des procédés de laboratoires.

M. René BERGE. J'ai vu en Normandie des racines d'ajonc qui ont plus de 1 m.50 de longueur, de sorte que si l'ajonc prend souvent dans des conditions assez faciles, il est très difficile de le défricher ensuite.

En outre, la culture de l'ajonc, du moins en Normandie, ne peut pas se faire d'une façon aussi aisée qu'elle se fait en Bretagne, d'après M. Girard. Les graines ne germent pas toutes aussi facilement et plusieurs des essais auxquels je me suis livré ont été infructueux. Un quart ou un cinquième des graines germaient, le reste était perdu. Si, donc, M. Girard, qui vient de nous parler de cette question intéressante, voulait bien nous donner quelques renseignements sur la façon dont on sème la plante et sur le meilleur moyen de la faire venir, cela intéresserait tout le monde.

M. Girard. Ces difficultés, je les ai rencontrées quand j'ai voulu faire des expériences sur l'ajonc à Joinville, dans des terrains qui semblaient devoir convenir à l'ajonc; je n'ai jamais pu arriver à de bons résultats. Je m'en suis pris aux graines que je semais, et pourtant, elles venaient de Bretagne même. Un des hommes les plus compétents en la matière, M. Schribaux, m'a dit avoir rencontré les mêmes difficultés. Il faut, paraît-il, faire subir à la graine, avant de la semer, un traitement d'une certaine nature. En Bretagne, on met la graine dans des sacs avec des matières sableuses et on agite le sac, de manière à déchirer un peu l'écorce de la graine; on obtient ainsi de bons résultats dans les semis. Mais, même en Bretagne, on rencontre des difficultés du genre de celle dont vous parliez.

Au reste, je me suis laissé entraîner par l'intérêt que présente cette étude, et je compte la continuer. J'ai fait semer de l'ajonc en Bretagne sur une grande étendue, mais le professeur départemental d'Ille-et-Vilaine m'écrit qu'il lui est difficile d'avoir de bonnes graines.

M. Tétard. Dans les sables de Joinville, vous n'avez pas pu en faire lever ?

M. Girard. Je n'ai pas réussi.

M. René Berge. Et cependant, il pousse d'une façon naturelle, même dans les terres où l'on rencontre de la difficulté à le faire prospérer. Ainsi, les talus des lignes de chemins de fer en sont couverts.

M. le Président. Il pousse bien sur ces talus, mais il vient irrégulièrement; l'intérêt serait d'avoir une culture absolument régulière.

M. Tisserand. Messieurs, je n'ai qu'une petite observation à présenter. M. Girard nous a fait un exposé de la question de l'ajonc des plus intéressants.

J'ai fait faire, pour ma part, des expériences dans le Morbihan, il y a trente-cinq ou quarante ans; j'en ai fait faire aussi dans le département des Landes, sur des terrains non pas granitiques, mais sableux. Dans les Landes, les résultats ont été à peu près négatifs; j'en ai conclu que l'ajonc ne valait rien dans ce pays. En Bretagne, au contraire, j'ai conclu que l'ajonc constituait une bonne plante fourragère.

Mais toujours, la difficulté était de faire disparaître le piquant, pour pouvoir donner cet aliment aux animaux. Il y a bien une vieille pratique qui consiste à broyer ces piquants avec des pilons ayant des tranchants en croix, mais le procédé est assez dispendieux, si l'on compte le prix de la main-d'œuvre. Les broyeurs d'ajoncs, inventés plus récemment, donnent de bons résultats.

Ce qui me frappe surtout dans la communication de M. Girard, c'est justement la possibilité d'utiliser un nouveau fourrage.

La Société pour l'alimentation rationnelle du bétail rend un service énorme aux cultivateurs en leur enseignant la manière de tirer parti de denrées alimentaires absolument délaissées. La nourriture des animaux coûte cher, si l'on fait bien ses calculs; si l'on peut arriver, au moyen de déchets, au moyen de substances perdues, dans la ferme et autour de la ferme, à diminuer le prix de la ration, on parviendra à un résultat important pour l'économie rurale. Sous ce rapport, je le répète, la Société d'alimentation rationnelle du bétail est appelée à rendre de très grands services en proposant d'utiliser des matières alimentaires que l'on dédaignait ou dont on ne savait pas se servir.

Au point de vue spécial de l'ajonc, notre Association peut rendre des services énormes aux pays granitiques. Je ne parle pas des Landes, car, dans les terrains quaternaires, l'ajonc pousse, mais il reste rabougri, et, par suite, il est sec, dur et renferme peu de matières utiles; il ne faudrait donc pas le cultiver dans ces terrains. Au contraire, le vrai terrain de l'ajonc, c'est le terrain granitique, mais à condition qu'il ait une certaine profondeur, car les racines ont besoin de pénétrer profondément pour donner un rendement utile.

M. Tétard. Dans les sables purs, aurait-on chance de faire prendre l'ajonc?

M. Girard. Il y a deux variétés d'ajoncs : l'ajonc européen, ou grand ajonc, et l'ajonc de Bretagne, le véritable ajonc alimentaire. Il existe, en outre, un ajonc nain qui vient dans le Midi, dans les terrains sableux, et qui s'y développe assez facilement. Mais je n'ose pas me prononcer sur sa valeur. Je ne suis pas en état de le faire. Je ne puis que m'en rapporter aux remarques de M. Tisserand.

M. Tisserand. Ce que je disais expliquait la divergence d'opinion qui sépare les agronomes, les uns prétendant que l'ajonc est bon, les autres qu'il ne vaut pas grand'chose.

M. Girard. D'autre part, cet ajonc nain, qu'il ne faut pas rechercher pour l'alimentation du bétail, peut rendre des services comme litière et comme engrais; je l'ai étudié à ce point de vue dans un autre travail.

M. le Président. Est-il aussi azoté que l'autre ?

M. Tisserand. Non, il ne vaut pas l'ajonc de Bretagne; mais, comme litière, il est excellent, et je l'ai utilisé très en grand sous cette forme.

M. le Président. Vous avez parlé, Monsieur Girard, de quelques analyses qui ont été faites avant les vôtres; ces analyses étaient-elles contradictoires entre elles et avec les vôtres ?

M. Girard. Les écarts ne sont pas considérables.

M. Cagny. Les observations de M. Tisserand m'amènent à demander si les chevaux bretons n'auraient pas un coefficient de digestibilité supérieur à celui des percherons, des boulonnais, etc. J'ai vu, en effet, en Bretagne des chevaux faire un service extraordinaire avec une ration qui serait notoirement insuffisante pour des chevaux d'autres races et d'autres pays. Dans les environs de Lannion, j'ai vu chez un vétérinaire des chevaux faire un service d'attelage avec 6 litres d'avoine, alors que des chevaux d'autres races en auraient demandé 12, 14 ou 16. D'autre part, dans les grandes fermes où l'on a des chevaux de toute origine, j'ai toujours remarqué qu'en prenant des chevaux de même âge et en leur donnant la même ration, les bretons se comportaient mieux que les autres; on dit qu'ils ont plus de sang que les autres. J'ai vu deux chevaux d'attelage qui faisaient un service assez ordinaire; tous deux étaient originaires de Bretagne, mais l'un d'eux était sujet à des coups de sang; il a suffi de diminuer d'une façon notable sa ration pour qu'il s'entretienne en bon état. Il y a là un fait qui semble démontrer que les chevaux bretons sont mieux capables que d'autres d'assimiler leur ration.

M. Sanson. Il n'est pas douteux que l'on observe à cet égard de grandes variations, non seulement au point de vue des individus, mais aussi au point de vue des races. Les chevaux orientaux, ceux d'Algérie par exemple, ont un coefficient digestif plus élevé que celui des chevaux dont parle M. Cagny. Je me suis livré à des expériences pour comparer le coefficient digestif d'un cheval, d'un âne et d'un mulet. J'ai constaté que le coefficient digestif de l'âne est le plus élevé, puis vient celui du mulet, puis celui du cheval. Et cependant, dans mes expériences, je me suis servi d'un cheval qui a montré un coefficient digestif très élevé, beaucoup plus élevé que les moyennes reconnues dans les expériences d'Émile Wolff. Le professeur Tempelini, qui a répété l'expérience, a expérimenté sur un vieil étalon qui lui avait été prêté par l'Administration italienne, un étalon dit *arabe*, qui s'est trouvé avoir un coefficient digestif aussi élevé que celui du mulet. Je ne serais donc pas surpris que les chevaux bretons eussent un coefficient digestif plus élevé que les boulonnais et les percherons. Du reste, c'est comme cela que se traduit ce qu'on appelle la sobriété des animaux. Les animaux sobres sont ceux qui utilisent leur nourriture à un plus haut degré. Cela n'est pas particulier aux chevaux; nous-mêmes, nous ne nous contenterions pas de la nourriture d'un Arabe.

M. le Président. C'est une question de climat.

M. Sanson. Le climat y est sans doute pour quelque chose; mais il y a aussi une question d'aptitudes spéciales.

M. Mallèvre. Je crois utile de dire un mot d'expériences exécutées dans la Grande-Bretagne il y a quelques années, vers 1898, sur l'ajonc, et qui touchent d'assez près la question traitée par M. Girard. Ces expériences, d'ailleurs beaucoup moins complètes que celles de M. Girard, sont tout à fait concordantes avec les siennes. Le problème qu'on s'est posé et qui a été étudié par Voelcker, chimiste de la Société royale d'agriculture d'Angleterre, est beaucoup moins général que celui étudié par M. Girard. Il existe dans la Grande-Bretagne toute une bande de terrains granitiques qui sont le prolongement des terrains de notre Bretagne; ce sont ceux de l'est de l'Angleterre, du pays de Galles et d'une partie de l'Écosse. On produit beaucoup de moutons dans ces régions granitiques et dans les parties qui les bordent; sur de nombreuses exploitations, on les nourrit surtout avec des navets, qui forment la base de la ration. On s'est demandé si, en faisant entrer l'ajonc dans l'alimentation du mouton, on ne pourrait pas réduire la quantité de navets consommée, ce qui permettrait d'entretenir sur une même surface de terrain un plus grand nombre de têtes. On a trouvé que le mouton pouvait consommer régulièrement un peu d'ajonc et, par contre, un peu moins de navets, tout en donnant le même produit, c'est-à-dire le même gain de poids vif. Il est intéressant de constater que les quantités d'ajonc consommées régulièrement par les moutons d'outre-Manche sont tout à fait voisines des quantités trouvées par M. Girard. Si je ne me trompe pas, d'après M. Girard, le mouton consomme environ 1 kilogr. 300 d'ajonc par jour; dans les expériences de Vœlcker, la quantité moyenne d'ajonc ingéré est de 1 kilogr. 150; ce sont des chiffres tout à fait voisins. Grâce à l'ajonc absorbé, le mouton pouvait se passer de 2 kilogr. 700 de navets, qui devenaient disponibles pour d'autres animaux. Si on examine la composition chimique des navets et qu'on la compare à celle de l'ajonc, en tenant compte uniquement des matières digestibles, on trouve que la valeur nutritive de l'ajonc dans les expériences de Voelcker est à peu près celle indiquée par M. Girard. C'est avant tout cette concordance que je tenais à signaler.

M. GIRARD. Je remercie mon collègue et ami, M. Mallèvre, d'avoir placé l'autorité d'un grand nom comme celui de Voelcker à côté de mes modestes travaux.

UN MEMBRE. Est-ce que l'ajonc peut supporter la dessiccation, de façon à faire un fourrage commercial et transportable ?

M. GIRARD. Il faut y renoncer absolument. Cette pensée était venue à l'esprit de M. Lavalard, administrateur de la Compagnie des omnibus. On s'est demandé si cet ajonc, qui ne coûte pour ainsi dire rien, ne pourrait pas devenir un objet de commerce. Mais lorsque l'ajonc a été transporté, il n'est presque plus comestible. L'animal le refuse obstinément, et c'est même une des grosses difficultés que j'ai rencontrées dans mes expériences.

M. DROUIN. Ne pourrait-on pas lui faire subir une autre forme de préparation ?

M. le Président. Vous voulez sans doute parler de l'ensilage?

M. Mallèvre. Le procédé n'est pas pratique à cause du transport.

M. le Président. Il ne faut pas compliquer la question. Chaque pays a ses produits naturels. Dans les pays de luzerne, par exemple, il paraît assez inutile de transporter de l'ajonc. Il faut que l'ajonc reste chez lui. C'est déjà beaucoup que, après les travaux de M. Girard, on sache qu'on peut le domestiquer et l'amener à une production de 20,000 kilogrammes à l'hectare. Le rôle de notre Société est d'attirer l'attention des populations sur des ressources si importantes et cependant négligées jusqu'à ce jour.

M. Le Monnier. Est-ce qu'il n'y a pas dans l'ajonc un principe excitant analogue à celui qui existe dans l'avoine et voisin de la vaniline?

M. Girard. Il y a dans l'ajonc une matière colorante qui passe dans les urines et qui a fait attribuer à l'ajonc l'hématurie des chevaux; j'ai entendu dire que les chevaux qui consomment de l'ajonc sont atteints de pissement de sang. J'ai fait moi-même des expériences à ce sujet, et l'analyse que j'ai faite au spectroscope des urines recueillies ne m'a révélé aucune trace de sang.

Un Membre. Avez-vous recherché l'hémoglobine?

M. Girard. Je n'en ai pas trouvé.

M. le Président. L'accueil fait par l'Assemblée tout entière à la communication de M. Girard et l'intérêt avec lequel nous l'avons entendu doivent être pour lui un encouragement à continuer ses précieuses recherches, et nous espérons tous que l'année prochaine, à pareille époque, il voudra bien nous en donner le complément. (*Applaudissements.*)

M. le Président. Je donne la parole à M. Alekan, qui vient d'arriver, pour une communication relative à ses recherches sur l'alimentation du bétail par la mélasse.

M. Alekan. Chargé par M. Grandeau de mettre le Congrès au courant des essais au *pain mélassique Vaury*, que nous poursuivons au laboratoire de la

Compagnie générale des Voitures, je me propose d'indiquer en quelques mots les points essentiels de ces essais, qui, d'ailleurs, sont encore en cours d'exécution à l'heure actuelle. Ces essais peuvent être considérés comme le complément de ceux que nous avons poursuivis de 1898 à 1900 sur l'*alimentation au sucre proprement dit*, et qui ont donné lieu à une communication de M. Grandeau au Congrès d'alimentation de 1899, et à une communication complémentaire, faite en son nom et au mien, au Congrès des directeurs de stations agronomiques, réuni l'année dernière.

Le *pain mélassique Vaury*, composé de mélasse et de bas produits de mouture, bien mélangés et passés au four, nous a paru être un aliment des plus intéressants, parce qu'il permettait d'introduire la mélasse sous une forme commode dans le rationnement du cheval de trait. Nous avons donc voulu l'utiliser comme moyen d'expérimenter l'alimentation à la mélasse.

A cet effet, nous avons, comme nous le faisons toujours en pareil cas, choisi *trois chevaux* aussi comparables que possible et répondant au type moyen des chevaux de service de la Compagnie générale des Voitures : ces animaux ont reçu, dans leur ration, des quantités progressivement croissantes de pain mélassique, associées à du maïs, de la paille hachée et divers sous-produits industriels riches en azote, et on les a observés, avec tous les soins que comporte ce genre d'expériences, tantôt au *repos*, tantôt au *travail*.

Les fèces et les urines ont été, bien entendu, recueillies et analysées; les poids et la composition des fourrages consommés ont été rigoureusement déterminés, de même que les quantités d'eau bue, le travail effectué et les poids vifs journaliers des animaux.

Les rations journellement distribuées, et consommées d'ailleurs intégralement, ont été les suivantes :

DÉSIGNATION.	RATION de REPOS.	RATIONS DE TRAVAIL.	
		1ᵉʳ ESSAI.	2ᵉ ESSAI.
Pain mélassique	0ᵏ 800	1ᵏ 600 puis 1ᵏ 800	2ᵏ 300 puis 2ᵏ 500
Maïs	2 800	3ᵏ 300	3ᵏ 300
Résidus industriels azotés	1 000	1 000	1 000
Paille	2 250	2 250	2 250
Sel	0 020	0 020	0 020
TOTAUX	6ᵏ 870	8ᵏ 370 ($\frac{\text{ration}}{\text{à } 1ᵏ 800}$)	8ᵏ 870 ($\frac{\text{ration}}{\text{à } 2ᵏ 300}$)

On voit ainsi que les rations de repos et de travail n'ont différé que par le pain Vaury et le maïs qu'elles renfermaient; on a distribué, journellement, en vue du travail, 500 grammes de maïs de plus qu'au repos, et, progressivement, 800 grammes, 1 kilogramme, 1 kilogr. 500, 1 kilogr. 700 de pain Vaury en plus.

Ces augmentations progressives de pain mélassique ont été rendues nécessaires par la quantité croissante de travail exigée de nos animaux d'expériences.

Le pain mélassique consommé avait la composition *moyenne* suivante :

DÉSIGNATION.	P. 100.	OBSERVATIONS.
Eau...	19.53	[a] Dont : Acide phosphorique.... 0.33 p. 100 Potasse.............. 1.94 Soude 0.66
Cendres.....................................	7.48 [a]	
Cellulose brute..............................	9.83	
Matières azotées totales.....................	10.77	[b] Dont : Cellulose saccharifiable. 6.87 p. 100 Amidon............. 11.51 Saccharose........... 15.76 Glucose.............. 0.64 Indéterminés......... 16.38
Graisse.....................................	1.23	
Matières non azotées totales.................	51.16 [b]	
	100.00	

Cette analyse nous montre, en passant, qu'au point de vue de la teneur en matières azotées d'une part, et en matières hydrocarbonées totales de l'autre, le pain mélassique peut être regardé comme ayant *une composition très voisine de celle des grains de céréales, et en particulier de l'avoine*, à laquelle on peut le substituer poids pour poids dans le rationnement des animaux.

Les rations, composées comme il est indiqué plus haut, ont apporté *journellement* à nos chevaux les quantités suivantes de principes nutritifs :

DÉSIGNATION.	MATIÈRE SÈCHE.	MATIÈRES AZOTÉES.	GRAISSE.	MATIÈRES NON AZOTÉES (CELLULOSE COMPRISE).
Au repos......................	6ᵏ 030	0ᵏ 719	0ᵏ 206	4ᵏ 772, dont 0ᵏ 159 de sucre.
Au travail....................	7 437	0 898	0 238	5ᵏ 871, dont 0ᵏ 359 de sucre.

Les animaux ont digéré, *par jour*, les quantités ci-après des mêmes principes nutritifs :

DÉSIGNATION.	MATIÈRE sèche digérée.	MATIÈRES AZOTÉES digérées.	GRAISSE DIGÉRÉE.	MATIÈRES NON AZOTÉES DIGÉRÉES (cellulose comprise).
Au repos......................	3k 888	0k 438	0k 091	3k 246, dont 0k 159 de sucre.
Au travail......................	5 089	0 605	0 118	4k 172, dont 0k 359 de sucre.

Les coefficients de digestibilité sont donc, pour les rations expérimentées, de :

DÉSIGNATION.	MATIÈRE sèche totale.	MATIÈRES AZOTÉES.	GRAISSE.	MATIÈRES NON AZOTÉES (CELLULOSE COMPRISE).
	p. 100.	p. 100	p. 100.	p. 100.
Au repos......................	64.41	66.39	43.72	68.03
Au travail......................	68.41	67.30	49.12	71.06

Il résulte de là que la digestibilité de nos rations au pain mélassique s'est montrée satisfaisante, mais qu'elle n'a pas dépassé la digestibilité des rations mixtes, composées de grains, de résidus industriels azotés et de paille, que nous avons utilisées dans des essais antérieurs.

C'est au travail, comme nous l'avons déjà observé plusieurs fois, que les principes nutritifs ont été le mieux digérés; les coefficients de digestibilité pendant le travail sont, en effet, respectivement supérieurs à ceux du repos, de : 7 p. 100, 5 p. 100 et 3 p. 100 pour les matières azotées, la graisse et les matières non azotées. *Quant au sucre, on n'en a retrouvé trace ni dans les fèces, ni dans les urines; totalement digéré, il a donc, en outre, été totalement utilisé.*

La relation nutritive, établie comme suit : $\dfrac{\text{Matières azotées digérées}}{\text{Matières non azotées digérées} + \text{graisse} \times 2{,}44}$ est de $\dfrac{1}{7.91}$ pour la ration de repos, et de $\dfrac{1}{7.38}$ pour la ration de travail.

Nous sommes loin, comme on le voit, des relations nutritives de certaines rations au sucre, essayées par nous il y a deux ans, relations qui atteignaient $\dfrac{1}{23}$ et qui nous ont servi à démontrer la possibilité de s'écarter même beaucoup du rapport $\dfrac{1}{5}$, considéré autrefois comme immuable pour les animaux de travail; nos rations au pain mélassique présentent des relations nutritives moyennes, ainsi qu'on vient de le voir, et dont la valeur est telle que ces rations pourraient parfaitement être utilisées dans la pratique courante.

Ces rations ont été distribuées sans interruption depuis le 28 février 1900 à des animaux, dont le poids vif moyen a été, pour la période du 28 février 1900 au 21 février 1901, de :

Au repos, 410 kilogr. 700 ;

Au travail, 399 kilogr. 500.

Telles qu'elles ont été composées, elles ont apporté journellement à nos sujets d'expérience :

Au repos, 9 kilogr. 500 de matière sèche digestible par 1,000 kilogrammes de poids vif ;

Au travail, 12 kilogr. 700 de matière sèche digestible pour 1,000 kilogrammes de poids vif.

Cet apport semble avoir été largement suffisant pour le repos, et un peu inférieur aux besoins des animaux pendant le travail, car on trouve, en moyenne, que les poids vifs ont éprouvé les *variations journalières suivantes :*

Au repos, une augmentation moyenne de 0 kilogr. 185 ;

Au travail, une diminution moyenne de 0 kilogr. 175.

Cette dernière perte de poids est, en résumé, le résultat de deux séries d'essais effectués sur une voiture de place avec nos trois chevaux d'expérience ; la 1re série a eu lieu avec la voiture vide, et la 2e avec la même voiture chargée de deux voyageurs (140 kilogr.). Dans la *1re série* (voiture vide), les chevaux ont parcouru *tous les deux jours :* 46 kilom. 400, à la vitesse de 10 kilom. 600, faisant ainsi près de 1,100,000 kilogrammètres.

Dans la *2e série* (voiture chargée), ils ont parcouru 47 kilom. 300, à la vitesse de 9 kilom. 500, et produit un travail de 1,219,000 kilogrammètres.

Dans le premier cas, ils recevaient chaque jour 1 kilogr. 800 de pain mélassique, et perdaient 0 kilogr. 250 de poids vif ;

Dans le deuxième cas, ils recevaient 2 kilogr. 300 de pain mélassique, et perdaient seulement 0 kilogr. 100 de poids vif.

Malgré ces pertes de poids, d'ailleurs légères, l'état général des animaux est resté bon pendant toute la durée des essais, bien qu'ils aient ingéré journellement plus de 0 kilogr. 800 de mélasse, sous forme de pain.

Depuis le début des essais (28 février 1900), jusqu'à l'heure actuelle, où nos chevaux consomment 2 kilogr. 500 de pain, nous n'avons jamais observé de coliques ; un seul de nos animaux a eu un peu de diarrhée pendant quelque temps, mais il s'est agi là d'une indisposition passagère, qui s'est d'ailleurs produite à l'époque où le cheval en question consommait o kilogr. 800 et 1 kilogr. 600 de pain mélassique, sans se représenter de nouveau depuis que la consommation de cet aliment a été portée à plus de 2 kilogrammes par jour.

Un dernier point, déjà constaté lors de nos essais sur le sucre, est la quantité, relativement faible, d'eau bue journellement par les animaux recevant nos rations à pain mélassique; ils ont, en effet, bu par jour :

Au repos, 16 kilogr. 200, soit 2 kilogr. 700 par kilogramme de matière sèche ingérée;

Au travail, 21 kilogr. 700, soit 2 kilogr. 900 par kilogramme de matière sèche ingérée.

Tels sont, en résumé, les résultats essentiels des essais poursuivis depuis plus d'un an sur le pain mélassique et qui semblent devoir être un encouragement pour ceux qui voudraient essayer d'introduire la mélasse dans le rationnement de leurs animaux de travail.

M. Sanson. Est-ce que vous avez calculé dans vos expériences le prix de revient de la ration ?

M. Alekan. Oui, mais nous n'avons pas pu faire ce calcul d'une façon définitive, parce que nous n'avions pas les éléments nécessaires. La ration constituée dans nos expériences serait plutôt inférieure comme prix à la ration pratique que nous donnons à nos chevaux; il y aurait de ce côté un léger avantage.

M. Sanson. Je n'ai pas de doute, en ce qui me concerne, sur la valeur alimentaire de la ration dont il s'agit. J'ai toujours enseigné que tout ce qui n'est pas poison peut être employé, à la condition de l'être dans de bonnes conditions. Cela ouvre un champ très large à l'emploi des matières comme aliments. Je prétends qu'avec des proportions convenables des divers aliments et la manière de bien s'en servir, on peut tout employer. Je n'ai donc pas d'objection à faire contre l'emploi du pain mélassique; tout se réduit à une question économique, et il s'agit avant tout de réduire le prix de revient. C'est une préoccupation qu'on ne doit pas perdre de vue dans ces matières, et toutes les fois qu'un aliment fournit des éléments nutritifs à un prix de revient économique, il a mon approbation.

M. le Président. Les observations de M. Sanson sont absolument fondées; il s'agit avant tout de savoir ce que coûte la nourriture.

La parole est à M. Mallèvre pour donner lecture du mémoire de M. Vassillière sur l'emploi des sarments de vigne dans l'alimentation du bétail.

Mémoire de M. Vassillière. — L'alimentation que je vais indiquer a commencé sur mon domaine de Condesse, en Armagnac, le 28 octobre dernier, date de l'achèvement des vendanges; elle s'est poursuivie, sans interruption, jusqu'au 25 février, époque à laquelle il ne me restait plus de vignes à tailler.

Le bétail qui a été soumis au régime des sarments comprend :

10 bœufs gascons, de 3 à 6 ans, du poids moyen de 600 kilogrammes.	6,000 kilogr.
1 vache bretonne de 7 ans, pesant.....................	250
1 jument percheronne de 10 ans.....................	450
1 ânesse de 5 ans..................................	120
1 bélier southdown et 9 brebis de Campan, ensemble...........	350
Soit un poids vif total de....................	7,170

La ration pendant ces quatre mois d'hiver a été exclusivement composée, pour 1,000 kilogrammes de poids vif, de :

Sarments coupés au hache-paille à 0 m. 01 de long.............	$17^k 000^{gr}$
Paille d'avoine ou de blé également hachée...................	11 000
Tourteaux d'arachides décortiqués, en poudre.................	2 800
Avoine...	2 550
Sel dénaturé aux tourteaux..............................	0 100

Les sarments, taillés sur souche chaque jour et sectionnés au sécateur pour éliminer les bois de plus de 8 à 9 millimètres de diamètre, étaient passés au hache-paille, en même temps que la paille, afin de diminuer la résistance à vaincre par l'instrument, sans prolonger outre mesure la durée du travail. Cette première opération terminée, le mélange était foulé aux pieds dans des caisses en brique cimentée de 2 mètres cubes de capacité et arrosé entre temps avec de l'eau salée, à raison de 50 litres par mètre cube. Les tourteaux et l'avoine étaient mélangés à la ration au moment de chacune des trois distributions journalières; suivant qu'on était plus ou moins occupé, il s'écoulait de quarante à quarante-huit heures entre la mise en fermentation de la nourriture et sa consommation. Ce temps suffisait pour permettre à la température de s'élever, à l'intérieur des caisses, de 50 à 55 degrés; les sarments éprouvaient un commencement sérieux de ramollissement, beaucoup plus marqué chez la paille, qui passait au brun très clair.

Parfois, sans que j'aie pu en trouver la cause, le mélange avait une légère odeur vineuse; le plus souvent, je dirai tout simplement qu'il sentait bon.

Sauf trois bœufs, qu'au grand désespoir du métayer il a fallu faire jeûner un jour et demi avant qu'ils se décidassent à manger la nouvelle nourriture qu'on leur donnait, tous les autres animaux, au premier ou au second repas, ont accepté sans difficulté le changement de régime qui leur était imposé.

D'ailleurs, il n'y a pas lieu de s'inquiéter de ces caprices momentanés, le jeûne en a toujours et promptement raison; je l'ai constaté une fois de plus ces temps derniers quand on a mis les deux plus vieux bœufs à l'engrais et qu'on leur a présenté une provende tiède faite de son, d'avoine et de graine de lin; l'un d'eux s'est entêté pendant quarante-huit heures, après quoi il aurait mangé la part de son voisin si on n'y avait pris garde.

Bien que j'eusse vu dans la Gironde, en 1893, des génisses nourries, sans en pâtir aucunement, avec des sarments relativement secs, mais broyés, en guise de foin, et que M. Denizet, alors directeur de l'asile d'aliénés de Cadillac, eût soumis non moins avantageusement au même régime les vaches laitières de l'établissement, j'avais une certaine hâte de voir comment mes propres animaux tireraient parti de l'innovation; j'étais promptement fixé en ce qui concernait la digestion des sarments; les déjections étaient absolument normales, simplement plus jaunes qu'avec l'alimention au foin, mais sans traces, pour n'importe quelle espèce animale, de matière ligneuse non digérée. Il ne s'est pas manifesté davantage de modifications dans l'état de santé, de force, de développement du bétail; les bœufs ont effectué 4 hectares de défoncement à 0 m. 50 de profondeur, des transports presque aussi pénibles de terre et de fumier, sans accuser plus de fatigue qu'à l'ordinaire; il faut dire toutefois qu'après des attelées très laborieuses, on leur donnait un demi-litre d'avoine de plus que n'en comportait la ration; la production laitière de la vache a suivi la décroissance régulière qui se manifeste chez la femelle en période de gestation; la jument et les moutons ne m'ont pas donné moindre satisfaction.

Je puis donc, après quatre mois d'expérience et, en ce qui me concerne, conclure que la substitution au foin des sarments récoltés au jour le jour, coupés au hache-paille et fermentés pendant quarante-huit heures avant leur distribution, peut se faire sans apporter aucun trouble, de quelque nature que ce soit, dans les fonctions des animaux domestiques et la nature des produits que nous leur demandons. Or je ne vois aucune raison pour que ce qui s'est passé à Condesse ne se passe également bien sur tous les domaines viticoles qui entretiennent du bétail.

Que si nous examinons maintenant le côté économique de la question, nous voyons que les avantages de ce système d'alimentation déjà très appréciables en temps normal, puisqu'ils permettent de vendre du foin ou de nourrir un plus nombreux bétail, acquièrent une importance de premier ordre quand il y a pénurie de fourrage comme en 1900.

Durant tout l'hiver le prix du foin, au Houga et dans un rayon de 10 kilomètres, a oscillé entre 85 et 95 francs les 1,000 kilogrammes: la paille est restée à 30 francs les 100 bottes et l'avoine à 18 francs les 100 kilogrammes. Quant à la farine de tourteaux d'arachides décortiqués payée à 16 fr. 50 les 100 kilogrammes à l'huilerie Maurel et Prom de Bordeaux, elle m'est revenue à 17 fr. 65 à Condesse. Si j'ajoute que l'obligation de tailler la vigne à un moment ou à un autre me permet de ne pas faire entrer en ligne de compte le temps employé à cette opération, il va me suffire d'ajouter aux indications précédentes ce qui concerne la préparation des aliments pour établir très exactement le prix de revient de la ration de 1,000 kilogrammes de poids vif.

Pour la division des aliments, je me sers :

1 hache-paille Pilter 13 B.............................		170f 00c
1 manège Primat...........................	260f	
Transmission, poulies, paliers....................	94	
Pose et montage...........................	50	422 00
Voyage du mécanicien.........................	18	
Total..................		592 00
Intérêt à 5 p. o/o l'an.............................		29 60
Entretien et amortissement à 12 p. o/o l'an..................		71 00
Total général............		692 60

Je hache toute l'année, sans interruption, le vert comme le sec; de plus, amortis de 50 p. o/o la première année, et de 12 p. o/o ultérieurement tout le mobilier mort, afin d'être le plus près possible de la réalité en cas de liquidation; dans ces conditions, la dépense annuelle pour le matériel est de :

PREMIÈRE ANNÉE.		ANNÉES SUIVANTES.	
Amortissement à 50 o/o sur 592 fr.	296f 00c	Amortissement à 12 o/o sur 296 francs.	35f 52c
Intérêt à 5 o/o sur 592 francs....	29 60	Intérêt à 5 o/o sur 296 francs.....	14 80
Total.........	325 60	Total..........	50 32

Soit par jour $\frac{325^f 60^c}{365} = 0^f 90^c$.   Soit par jour $\frac{50^f 32^c}{365} = 0^f 14^c$.

D'autre part, les différentes manipulations que nécessite la préparation des aliments pour tout le bétail occupent 3 hommes pendant deux heures et demie, soit, à 1 fr. 50 par jour : 1 fr. 12.

La jument qui actionne le manège travaille deux heures, coût : 0 fr. 30.

L'ensemble des frais qui s'ajoutent à la valeur des aliments s'élève donc en tout à 2 fr. 32 ou 1 fr. 56.

Quant à la valeur intrinsèque de la ration, elle s'établit non moins aisément.

Les 7,170 kilogrammes de poids vif entretenu ont consommé par jour :

120 kilogrammes de sarments..........................	mémoire.
80 kilogrammes de paille (à 60 francs les 100 kilogrammes).....	4f 80c
18 kilogrammes d'avoine (à 18 francs les 100 kilogrammes).....	3 24
20 kilogrammes de tourteaux (à 17 fr. 65 les 100 kilogrammes)..	3 53
0k 750gr de sel dénaturé (à 5 francs les 100 kilogrammes)......	0 04
TOTAL.....................	11 61
Frais de manipulation précités..................	2f 32c ou 1 56
TOTAL GÉNÉRAL (11f 61c + 2f 32c).......	13 93 ou 13 17

Soit, pour 1,000 kilogrammes de poids vif, 1 fr. 99 en première année, 1 fr. 87 ultérieurement, ou, par bœuf, 1 fr. 19 et 1 fr. 12.

En supposant que 120 kilogrammes de sarment équivalent à 100 kilogrammes de foin, et nous verrons plus loin ce qu'il en est, l'économie réalisée pendant quatre mois par la substitution du premier de ces aliments au second atteint la somme fort respectable de 1,080 francs :

$$120 \times 100 \text{ kilogrammes} \times 9 \text{ francs p. } 100 = 1,080 \text{ francs.}$$

Je n'avais pas à l'origine calculé scientifiquement la ration que j'allais donner; les notes recueillies en 1893 me laissaient supposer que le foin et les sarments étaient équivalents, et l'analyse de ces derniers, que mon excellent collègue, M. Gayon, directeur de la Station agronomique de Bordeaux, avait faite à ma demande, à cette époque, confirmait assez exactement ce sentiment. Quand j'ai vu que mon expérience marchait à souhait, j'ai fini par où j'aurais peut-être dû commencer, et calculé la rationnalité de mon alimentation; je viens de dire peut-être, parce qu'en pareille matière, l'expérience ne s'accorde pas toujours avec la science qui guide utilement mais ne peut imposer des lois immuables. Ici, comme on va le voir, elles ont vécu l'une et l'autre en très bonne intelligence. Les tables de Wolf et l'analyse de M. Gayon nous donnent, en effet, par 100 grammes des aliments employés, les chiffres suivants :

ALIMENTS.	MS.	MA.	MG.	MH.	MA ÷ MG × 2.4 + MH.
Sarments de vigne......................	88.0	3.93	1.08	23.0	29.09
Paille d'avoine........................	85.6	1.30	0.60	38.5	41.00
Avoine................................	86.7	8.30	4.00	47.3	65.20
Tourteaux d'arachides décortiqués...........	88.5	40.40	6.50	23.5	79.40

En appliquant ces chiffres au poids d'aliments distribués pour 1,000 kilogrammes de poids vif, on a :

ALIMENTS.	. MS.		MA.		MG.		MH.		MA + MG × 2.4 + MH.	
	kil.	gr.	kil.	gr.	kil.	gr.	kil.	gr.	kil.	gr.
Sarments de vignes (17 kilogrammes).........	14	960	0	667	0	163	3	910	4	945
Paille d'avoine (11 kilogrammes).............	7	416	0	132	0	066	4	235	4	510
Avoine (2 kilogr. 550)....................	2	210	0	211	0	102	1	216	1	662
Tourteaux d'arachides décortiqués (2 kilogr. 800).	2	478	1	131	0	182	0	658	2	223
Totaux.............	27	064	2	141	0	513	10	019	13	340

lesquels donnent comme relation nutritive

$$\frac{\text{MA}}{\text{MNA}} = \frac{2.141}{11.196} = \frac{1}{5.23}$$

il aurait fallu exactement, d'après les tables, pour un travail moyen : 25 kilogrammes MS; 2 kilogrammes MA; 0 kilogr. 500 MG; 11 kilogr. 500 MH; soit $\text{MA} + \text{MG} \times 2.4 + \text{MH} = 14,740$ et une relation nutrive de $\frac{1}{6.5}$.

Je me suis rapproché des exigences d'un travail fort, ce qui était la réalité.

Je crois pouvoir conclure, après cet exposé scrupuleusement exact de l'expérience faite à Condesse l'hiver dernier, que les sarments de vigne, coupés au fur et à mesure des besoins, passés au hache-paille, et fermentés pendant quarante-huit heures, constituent un aliment de très réelle valeur, permettant de réaliser une très sérieuse économie dans la nourriture du bétail.

M. Girard. Je regrette infiniment que l'auteur de la communication ne soit pas présent; il est assez difficile de discuter en son absence. Mais si vous voulez ma façon de penser sur la valeur nutritive du sarment de vigne, que je n'ai pas étudié spécialement, mais dont j'ai étudié l'analogue dans les ramilles d'arbres, je crois que cette valeur n'est pas bien considérable. En prenant le foin comme terme de comparaison, on commet certainement une erreur, et je me base pour le dire sur ceci, c'est que les branchettes d'arbres dont on a tant parlé en 1893 étaient, comme valeur alimentaire, bien inférieures au foin. Le sarment, comme les ramilles, ne sera jamais qu'un médiocre aliment; on peut en tirer parti comme succédané de la paille, mais on ne doit pas le mettre en comparaison avec le foin.

M. Sanson. J'estime que M. Vassillière n'avait pas le droit de donner une valeur de zéro aux sarments de vigne; dans mon pays, on se sert des sarments pour confectionner des fagots, et ceux-ci se vendent très bien.

M. le Président. Depuis quelque temps, dans l'Aude, le sarment de vigne se vend presque pour rien. Les propriétaires de vignes ne se donnent plus la peine de faire des fagots avec les sarments; ils les ramassent en vrac et les sarments n'ont presque plus de valeur pour le chauffage.

M. Sanson. Cela se passe ainsi dans l'Aude, mais dans les Charentes, cela se passe autrement; il y a des gens qui se chauffent avec les sarments.

M. le Président. On se sert également des sarments pour l'alimentation des mulets, dans le Midi, mais il ne faudrait pas songer à les nourrir exclusivement de cette façon.

M. Mallèvre. Nous ne sommes pas fixés d'une manière précise sur la valeur nutritive des sarments. Nous savons par expérience qu'on peut les faire consommer, mais nous ne savons pas exactement ce qu'ils valent au point de vue physiologique. Déjà, en 1894, à la suite de la grande disette de fourrages qui se produisit et dont les agriculteurs se souviennent encore, j'avais été amené à étudier cette question et à comparer le sarment aux aliments auxquels il est comparable, c'est-à-dire au foin et à la paille. La composition chimique des sarments est plus voisine de celle des pailles que de celle des foins. J'étais arrivé à conclure qu'il convenait avant tout de regarder la valeur nutritive des sarments comme voisine de celle des pailles; mais je conseillais aux chefs de stations agronomiques d'étudier cette valeur nutritive d'une façon sérieuse. Il y a un moyen assez simple pour cela : c'est de faire absorber aux animaux des rations qui ne diffèrent que par un point, à savoir par la présence ou l'absence du sarment comparé à un autre aliment de même ordre, paille ou foin. Il faut d'ailleurs choisir des animaux qui réagissent très nettement vis-à-vis de l'alimentation; le choix des animaux de travail serait défectueux, parce qu'il est difficile de savoir la quantité de travail que fournit un animal, à moins que l'on opère dans le laboratoire, par exemple comme MM. Grandeau et Alekan. Dans la pratique agricole, la quantité de travail peut varier d'un jour à l'autre. Il vaut donc mieux faire les expériences sur des animaux à l'engrais ou sur des vaches laitières. Si, dans ces conditions, toutes choses égales d'ailleurs, on trouvait que la ration de sarment est supérieure à la paille, on pourrait dire que le sarment a une valeur nutritive supérieure à celle de la paille. Si la ration au foin donnait des résultats meilleurs, on serait en mesure de dire que les sarments ne valent pas le foin. Mais, de cette façon, on serait fixé; les expériences faites jusqu'à présent ne permettent pas d'être aussi précis.

M. LE PRÉSIDENT. La communication de M. Vassillière peut avoir l'avantage de provoquer des expériences nouvelles sur l'emploi des sarments dans l'alimentation. Il peut bien se faire que l'analyse chimique révèle une composition chimique du sarment plus voisine de la paille que du foin, mais il peut se faire aussi que le sarment ait une digestibilité supérieure; peut-être faut-il chercher de ce côté l'explication des bons résultats obtenus par M. Vassillière. Nous sommes d'ailleurs dans le domaine des hypothèses, et je me garderai bien de conclure, mais il me semble que nous ne pouvons pas nous empêcher de retenir de la communication de notre collègue qu'il a pu faire l'économie d'une grande quantité de foin pendant un certain temps. Nous avons donc intérêt à recommencer ses expériences, suivant les excellents conseils que M. Mallèvre nous a donnés, en y apportant le contrôle scientifique.

M. GADRET. Loin de contredire les observations de M. Vassillière, je désire apporter un fait à l'appui de ce qu'il a observé. J'ai vu dans les Cordillières, dans cette République Argentine qui n'a plus besoin de nos vins, puisqu'elle commence à exporter les siens, j'ai vu donner des sarments aux mulets, notamment chez notre consul, ancien élève de Grandjouan, qui a 400 ou 500 mulets employés aux transports. Les bovidés refusent les sarments. On peut cependant obtenir un résultat de ce côté en faisant fermenter les sarments dans les marcs de vendange, comme je l'ai vu faire dans la province de Tucuman. J'ai déjà publié un certain nombre d'observations à ce sujet; je serais heureux que M. Vassillière s'en emparât pour les étudier d'une façon scientifique.

M. le Président. Le marc de vendange est disponible en octobre ou novembre et on ne taille les vignes que beaucoup plus tard, en janvier; il peut y avoir des dangers à les tailler plus tôt. Dans ces conditions, je ne vois pas comment on pourrait faire l'ensilage, car c'en est un véritable.

M. Mallèvre. On peut le faire avec des sarments de l'année précédente.

M. le Président. Quand le sarment est sec, je crois que sa digestibilité doit être bien modifiée.

M. le Président. Messieurs, nous arrivons à la dernière question qui figure à l'ordre du jour.

Je donne la parole à M. Mallèvre pour lire la communication adressée par M. Garola au Congrès, et qui traite du taux de l'azote des principales matières azotées albuminoïdes.

M. Mallèvre. Voici, Messieurs, la communication adressée par M. Garola, qui s'excuse de n'avoir pu venir assister à nos séances.

Communication de M. Garola. — Au dernier Congrès de l'alimentation du bétail, M. Girard, professeur à l'Institut agronomique, a appelé l'attention de notre Société sur la nécessité qu'il y a d'apporter aux anciens procédés d'analyse des fourrages des modifications justifiées par l'état actuel de la science, afin de permettre une appréciation plus exacte de la valeur alimentaire des fourrages.

Il a exprimé le vœu, que la Société a fait sien, qu'il soit fait à l'avenir, dans les analyses d'aliments, une distinction entre les matières azotées albuminoïdes et les corps amidés. Les premières, seules, en effet, jouissent de propriétés alimentaires et plastiques indiscutables; les premières, seules, ont un très grand intérêt pour la pratique.

Mon savant ami n'a pas manqué de vous dire que, pour déterminer ce qu'on appelle *protéine brute*, on dose l'azote du fourrage par les méthodes très précises que nous possédons, et qu'on passe de l'azote aux matières azotées en multipliant le poids de celui-là par 6.25. On a admis, en effet, jusqu'ici que les matières albuminoïdes renferment toutes 16 p. 100 de leur poids d'azote. Or cette fixité du taux d'azote des substances protéiques, qui nous rendrait, il est vrai, la besogne si facile, est aujourd'hui complètement controuvée. En l'admettant, on arrive, pour les tourteaux, par exemple, à majorer de 5 à 6 p. 100 leur richesse en albuminoïdes.

Dans un tourteau de sésame, j'ai trouvé 5.77 p. 100 d'azote. On en déduit d'ordinaire qu'il y a 5.77 multiplié par 6.25, soit 36.06 de protéine brute. En réalité, ce tourteau contenait seulement 5.24 d'azote albuminoïde, avec 0.53 d'azote amidé soluble. Le progrès que vous a proposé M. Girard consiste à éliminer l'azote amidé du calcul. On trouve alors pour la protéine : 5.24 multiplié par 6.25 ou 32.75. La vérité est serrée d'un peu plus près; nous avons éliminé par là 3.31 p. 100 de protéine fantaisiste. Mais il en reste encore une notable quantité. D'après les recherches de Ritthausen sur la constitution des albuminoïdes de la graine de sésame, on y trouve une globuline et une légumine dosant 18.38 et 16.96 p. 100 d'azote, soit en moyenne 17.67. Le multiplicateur, pour passer de l'azote à l'albuminoïde, n'est donc pas ici de 6.25, mais de 5.65. Le tourteau analysé ne contient donc en réalité que 5.24 multiplié par 5.65, soit 29.60 d'albuminoïdes.

En somme, entre le procédé classique d'analyse et la réalité probable, il y a une différence de 6.46 p. 100. Cette erreur de 6.46 p. 100 se reproduit en moins sur les extractifs non azotés, groupe de corps où l'on englobe avec une grande sérénité d'âme tout ce que l'on ignore.

On pourrait donner beaucoup d'autres exemples de ce que la méthode généralement adoptée, parce qu'elle est si commode, pour l'estimation des matières azotées a de fallacieux. J'estime que cela n'est pas nécessaire, et j'arrive immédiatement au but principal de cette communication, qui est d'appeler votre attention et celle des chimistes agricoles sur la nécessité qu'il y a de mettre au musée des antiques cet agréable facteur 6.25, qui ne répond à rien de réel.

Le tableau de détail suivant, que j'emprunte à Ritthausen, et le tableau récapitulatif que j'en ai déduit, montrent l'urgence qu'il y a à abandonner la route si douce que nous suivions jusqu'ici :

		P. 100 D'AZOTE.
	Gliadine (Ritthausen)	18.01
	Gliadine (Osborne)	17.66
	Gluten-caséine (Ritt.)	17.14
	Gluténine (Osb.)	17.49
Froment	Gluten fibrine (Ritt.)	16.89
	Mucédine (Ritt.)	16.63
	Globuline cristallisée (Osb.)	16.80
	Albumine coagulée (Ritt.)	17.60
	Albumine coagulée (Osb.)	17.32
	Moyenne	17.38

P. 100 D'AZOTE.

Seigle	Mucédine (Ritt.)	16.84
	Gluten-caséine (Ritt.)	16.38
	Gliadine (Osb.)	17.72
	Globuline (Osb.)	18.19
	Leucosine (Osb.)	16.66
	MOYENNE	17.16
Orge	Gluten-caséine (Kreusler)	16.71
	Gluten-fibrine (Kr.)	15.70
	Mucédine (Kr.)	16.98
	Albumine (Kr.)	15.75
	Leucosine [albumine] (Osb.)	16.63
	Globuline (Osb.)	18.10
	Hordéine [fibrine et mucédine] (Osb.)	17.21
	MOYENNE	16.72
Avoine	Gliadine (Kr.)	17.71
	Légumine (Kr.)	17.16
	Protéine soluble dans l'alcool (Osb.)	16.43
	Globuline cristallisée (Osb.)	17.86
	Protéine soluble dans les alcalis (Osb.)	16.20
	MOYENNE	17.07
Maïs	Gluten-fibrine (Ritt.)	16.33
	Globuline (Ritt.)	17.72
	Fibrine (Osb.)	16.13
	Globuline n° 1 (Osb.)	18.02
	Globuline n° 2 (Osb.)	15.25
	Globuline n° 3 (Osb.)	16.82
	Albumine n° 1 (Osb.)	15.69
	Albumine n° 2 (Osb.)	17.28
	Protéose n° 1 (Osb.)	15.88
	Protéose n° 2 (Osb.)	16.59
	MOYENNE	16.57
Sarrasin	Légumine (Ritt.)	16.48
Pois	Globuline (Ritt.)	18.26
	Légumine (Ritt.)	17.48
	Albumine (Ritt.)	17.14
	MOYENNE	17.62

		P. 100 D'AZOTE.
Vesce	Globuline (Ritt.)	18.43
	Légumine (Ritt.)	17.64
	Moyenne	18.03
Féverole	Globuline (Ritt.)	17.78
	Globuline (Osb.)	18.15
	Légumine (Ritt.)	16.63
	Moyenne	17.47
Gesse	Légumine	16.93
Soja	Légumine (Meissl et Böcher)	16.38
	Albumine (Meissl et Böcher)	17.27
	Moyenne	16.82
Haricot	Globuline (Ritt.)	16.32
	Phaséoline (Osb.)	16.48
	Phaséline (Osb.)	14.65
	Moyenne	15.81
Lupin jaune	Conglutine (Ritt.)	18.67
	Légumine (Ritt.)	17.50
	Moyenne	18.08
Tourteau de coton	Globuline (Ritt.)	18.31
	Édestine [globuline] (Osb.)	18.64
	Moyenne	18.47
Tourteau de chènevis	Globuline cristallisée (Ritt.)	18.75
	Globuline (Osb.)	18.68
	Globuline et autres albuminoïdes (Ritt.)	18.06
	Moyenne	18.49
Tourteau de graines de courge	Globuline (Barbieri)	18.08
	Globuline cristallisée (Grübler)	18.14
	Globuline (Chittenden)	18.80
	Globuline (Osb.)	18.51
	Moyenne	18.38

P. 100 D'AZOTE.

Tourteau de noix de coco (coprah).	Globuline (Ritt.)...............................	17.87
	Légumine (Ritt.)...............................	17.18
	MOYENNE....................	17.52
Tourteau de lin......	Globuline cristallisée (Osb.)....................	18.60
	Protéose (Osb.)...............................	18.78
	Albumine (Osb.)...............................	17.44
	MOYENNE....................	18.27
Lupin bleu.........	Conglutine (Ritt.).............................	18.22
	Légumine (Ritt.)..............................	17.52
	MOYENNE....................	17.87
Tourteau de colza...	Légumine (Ritt.)..............................	16.60
	Légumine (Osb.)..............................	17.23
	MOYENNE....................	16.91
Tourteau d'arachide..	Globuline (Ritt.).............................	18.68
	Légumine (Ritt.)..............................	16.98
	MOYENNE....................	17.83
Tourteau de soleil...	Globuline (Ritt.).............................	18.21
	Globuline et légumine.........................	17.99
	MOYENNE....................	18.10
Tourteau de sésame..	Globuline (Ritt.).............................	18.38
	Légumine (Ritt.)..............................	16.96
	MOYENNE....................	17.67
Graine de ricin......	Globuline cristallisée (Ritt.)..................	18.58
	Globuline cristallisée (Osb.)..................	18.75
	Globuline en sphéroïdes (Osb.)................	18.01
	Globuline amorphe (Ritt.).....................	18.57
	Albumine (Ritt.)..............................	16.07
	MOYENNE....................	18.00
Tubercules de pommes de terre.	Globuline soluble dans l'eau et solution de sel	15.98

TABLEAU RÉCAPITULATIF.

		AZOTE P. 100 DE LA PROTÉINE.	MULTIPLICATEUR PROBABLE.
Céréales	Froment	17.39	5.75
	Seigle	17.16	5.82
	Orge	16.72	5.98
	Avoine	17.07	5.85
	Maïs	16.57	6.035
	Sarrasin	16.48	6.068
	Moyenne des céréales	16.896	5.917
Légumineuses	Pois	17.62	5.675
	Vesce	18.03	5.54
	Féverole	17.47	5.73
	Gesse	16.93	5.96
	Soja	16.82	5.945
	Haricot	16.40	6.09
	Lupin jaune	18.08	5.53
	Lupin bleu	17.87	5.596
	Moyenne des légumineuses	17.40	5.757
Plantes oléagineuses	Tourteau de colza	16.91	5.91
	— d'arachide	17.83	5.61
	— de soleil	18.10	5.52
	— de sésame	17.67	5.65
	— de coton	18.47	5.41
	— de chènevis	18.49	5.41
	— de graine de courge	18.38	5.44
	— de coprah	17.52	5.71
	— de lin	18.27	5.47
	Graines de ricin	18.00	5.55
	Moyenne des plantes oléagineuses	17.96	5.568
Tubercules de pommes de terre		15.98	6.25

Il ressort à l'évidence que, dans la plupart des cas, les substances protéiques des graines renferment plus de 16 p. 100 d'azote.

Les albuminoïdes des graines de céréales cultivées chez nous contiennent en moyenne 16.896 p. 100 d'azote et le multiplicateur est 5.917 et non 6.25.

Pour les légumineuses, on trouve dans leurs albuminoïdes en moyenne 17.40 p. 100 d'azote, d'où un multiplicateur de 5.757.

Dans les graines oléagineuses et leurs tourteaux, les substances protéiques dosent en moyenne 17.96 p. 100 d'azote et le multiplicateur tombe à 5.568.

Il n'y a que pour la pomme de terre que l'on trouve juste le nombre de 6.25.

N'est-il pas urgent dès maintenant de profiter des faits scientifiques ainsi acquis, et ne convient-il pas d'encourager les chercheurs à poursuivre cette étude si nécessaire de la composition chimique des albuminoïdes dans les différentes catégories d'aliments? J'en suis persuadé, pour ma part, et depuis plusieurs années déjà, je calcule mes analyses d'après ces nouveaux facteurs. On me dira que c'est s'éloigner de l'unification; je répondrai que c'est se rapprocher de la vérité.

Comme conclusion, je proposerai à la Société d'alimentation du bétail d'émettre l'avis que : « dans l'estimation des matières azotées des aliments, non seulement on sépare les substances albuminoïdes véritables des corps amidés solubles, mais encore que l'on tienne compte des connaissances acquises sur la richesse en azote des corps protéiques et qu'on ne se borne plus à l'emploi suranné du coefficient 6.25 ».

M. le Président. Il semble, au premier abord, que le travail de M. Garola ait un caractère plus chimique qu'alimentaire; mais il est incontestable que, à la suite des discussions qui ont eu lieu l'année dernière sur ces questions d'analyses des denrées alimentaires pour le bétail, il rentre dans notre ordre de discussions. A ce titre, donc, ce travail doit être accueilli par le bureau et par l'assemblée.

Je mets aux voix le vœu que M. Garola propose à notre sanction.

M. Girard. Monsieur le Président, il s'agit ici d'une chose assez grave et qui mérite réflexion. Je demande donc que l'on renvoie l'examen de ce vœu au Comité.

M. Mallèvre. Je suis absolument de l'avis de M. Girard, d'autant plus que le vœu de M. Garola ne vise pas les méthodes d'analyse elles-mêmes, mais seulement leur interprétation.

M. Girard. Une décision trop prompte pourrait apporter un certain trouble dans cet ordre de travaux.

M. Sanson. Je me permettrai d'ajouter que l'adoption de ce vœu ne servira de rien; les chimistes continueront d'agir selon leurs convictions.

M. le Président. Voilà pourquoi, tout à l'heure, je disais que cette communication paraissait s'adresser plutôt à un congrès de chimistes; néanmoins, comme toutes les questions se touchent, je pensais que l'on pouvait sans inconvénient mettre aux voix le vœu proposé par M. Garola. Du moment que des chimistes aussi autorisés que M. Girard voient un inconvénient à ce que nous le votions sans examen préalable, nous pourrions ajourner la question à la session prochaine; nous la discuterions alors, après que le Comité aurait examiné la proposition de M. Garola.

Il n'y a pas d'autres observations?...

Avant de clore la session de notre cinquième Congrès, vous me permettrez, Messieurs, d'adresser nos plus vifs remerciements aux éminents rapporteurs que nous avons entendus, qui, malgré le voisinage du Congrès international de l'année dernière, ont réussi à alimenter nos discussions et nous ont si vivement intéressés.

Vous avez apprécié comme moi l'éclatante discussion qui a eu lieu samedi sur la relation nutritive des rations destinées au bétail et à laquelle ont pris part deux maîtres, M. Sanson d'abord, et M. Mallèvre, son ancien élève et maintenant son émule. Dans la séance d'aujourd'hui, vous avez apprécié comme il convenait tout l'intérêt de la communication de M. Girard sur la valeur alimentaire de l'ajonc.

Au nom de l'Assemblée, j'adresse donc nos remerciements à nos rapporteurs, et je déclare close la session de notre Congrès, en vous donnant rendez-vous à l'année prochaine pour le sixième Congrès de notre Société. La séance est levée.

La séance est levée à 4 heures 30.

ANNEXE.

UNE FERME LAITIÈRE DANS LE LAURAGUAIS[1].

L'exploitation laitière est toujours très délicate à conduire à bien dans le Midi, et tout le monde s'accorde à reconnaître qu'il n'y a que la vente en nature qui puisse donner de bons résultats, à moins de disposer de circonstances exceptionnellement favorables permettant d'entreprendre la fabrication du beurre ou du fromage.

Même avec la vente en nature, il est un certain nombre de propriétaires qui obtiennent de mauvais résultats; soit à cause des conditions défavorables du pays, soit à raison de leur inhabileté. La ferme de M. Antoine Boi, ferme de Borderouge, située à Castanet, à 12 kilomètres de Toulouse, est un excellent exemple de réussite dans de mauvaises conditions, que le propriétaire a su corriger très habilement, pour faire de l'exploitation du lait une opération fort lucrative. Je voudrais attirer l'attention sur les mesures prises; elles pourront servir de guide dans beaucoup de cas.

1. *Situation de la ferme.* — La ferme de Borderouge comprend 42 hectares, dont 6 réservés à la vigne américaine pour bois et 36 en culture; elle a comme limite nord le canal du Midi; la vacherie est située à moins de 10 mètres de ce canal, qui sert alors d'abreuvoir; bien que l'eau existe sur d'autres points de la propriété, le canal est préférable, parce que les animaux peuvent y rentrer presque jusqu'au ventre et prendre ainsi un bain qui leur est fort salutaire.

II. *Races d'animaux employées.* — La vacherie est peuplée de 40 à 45 animaux, partagés par moitié entre les races Schwitz et Hollandaise. Ce sont les deux races qui, après plusieurs essais, ont donné les meilleurs résultats; elles rendent, par année, 2,600 à 2,800 litres de lait, et certains animaux dépassent 25 litres après le vêlage. J'entends bien que ce n'est pas là un rendement énorme pour des animaux de ces variétés, mais il est déjà très recommandable pour le Midi et surtout dans une contrée où les races locales, Garonnaise et Gasconne, sont très mauvaises laitières. Le lait est vendu, en moyenne, 0 fr. 22 à 0 fr. 23 le litre, hiver comme été, aussi bien aux hospices qu'aux laitiers de la ville.

Il y a quelques années, tous les animaux de l'étable étaient achetés adultes dans leur

[1] Nous avons pensé que la monographie qu'a faite de la ferme de M. Boi, à Castanet (Haute-Garonne), M. Ed. Robert, stagiaire de l'État, est de nature à intéresser nos lecteurs et nous l'insérons en annexe au compte rendu de notre Congrès.

pays d'origine (Suisse, Hollande ou Belgique), et leur prix d'achat oscillait autour de 750 francs pour les hollandaises et de 850 francs pour les schwitz. Depuis l'interdiction d'introduire les deux races en question, M. Boi s'est vu dans l'obligation de faire ses animaux lui-même, bien que cela compliquât quelque peu l'exploitation. Dans ce but, il a acheté un taureau schwitz et un taureau hollandais; il a voulu conserver les deux races distinctes, les animaux croisés donnant, en général, de moins bons résultats que les animaux purs.

On ne conserve, naturellement, que les génisses provenant des meilleures laitières; tous les autres jeunes sont vendus aussitôt après la naissance, et leur prix de vente atteint, en général, 30 francs, les animaux n'étant pas livrés à la boucherie, mais à des cultivateurs qui vont les élever. Les génisses qui doivent être conservées sont nourries au biberon dès leur naissance; les premiers jours on leur donne le lait de leur mère, puis, progressivement, on lui substitue une bouillie composée de farines de maïs, fèves, seigle, orge, lin, délayées dans de l'eau. Les jeunes animaux prennent fort bien cet aliment, et leur croissance paraît peu se ressentir de la suppression du lait naturel; on leur distribue, d'ailleurs, du fourrage et du tourteau dès qu'ils peuvent en consommer.

III. *Installation de la vacherie.* — Vers seize ou dix-huit mois, les génisses sont saillies, et, dès lors, vont faire partie de l'étable laitière. Cette étable est à deux rangées d'animaux avec une allée de service surélevée au milieu; le sol est bétonné, et, derrière les vaches, court une rigole qui recueille les urines et les conduit dans la fosse à purin, située à l'extérieur. Le long des murs, est placée une crèche surmontée d'un râtelier; entre chaque animal, une cloison va du fond de la crèche au sommet du râtelier, pour former un compartiment par vache. De cette façon, les animaux ne peuvent se dérober leurs aliments les uns aux autres, et il est loisible de donner une alimentation spéciale à chaque vache, si cela est nécessaire.

La vacherie a 3 m. 30 de hauteur; c'est un peu faible, mais en aérant suffisamment par les deux portes situées aux extrémités du bâtiment, on arrive à corriger ce défaut d'installation.

Au-dessus des portes et dans les murs de côté sont percées des fenêtres garnies de carreaux bleus ou violacés, qui ne laissent passer qu'une lumière adoucie, incitant les animaux à un repos de tous points favorable à la secrétion lactée.

Dans l'allée centrale, une voie Decauville permet d'enlever très facilement les litières; on se sert, pour cela, d'une caisse de bois montée sur quatre roues, et qui peut contenir tout le fumier à enlever. Nous verrons plus loin le traitement de ce fumier.

IV. *Alimentation des animaux.* — L'alimentation des vaches est, naturellement, variable suivant les saisons, mais tous les fourrages employés sont obtenus sur la propriété et nous verrons, par la suite, de quelle façon. Quoi qu'il en soit, voici comment sont alimentés les animaux dans le courant de l'année.

Dès que le trèfle incarnat peut être consommé en vert, c'est-à-dire dans les premiers jours de mai, les vaches en reçoivent; puis fin juin et première quinzaine de juillet, vient le tour des vesces, alliées à de l'avoine; on donne ensuite du maïs en vert jusqu'à fin octobre, et on continue par les ensilages de trèfle incarnat et de maïs-fourrage, qui, avec la luzerne sèche, permettent d'attendre le printemps suivant.

Entre temps et comme supplément, on donne, en octobre, les feuilles de betteraves; en novembre et décembre, les navets, puis les betteraves jusqu'en fin mai.

On peut voir, par cette énumération, que l'alimention est toujours variée; les vaches sont maintenues constamment en appétit par cette variation même, et peuvent alors consommer le maximum possible d'aliments. Les animaux reçoivent, d'ailleurs, du fourrage à discrétion, on ne les rationne jamais, et, pour augmenter encore la quantité de principes nutritifs absorbés, on distribue de 3 à 4 kilogrammes de tourteau par jour, auxquels on ajoute 20 à 25 grammes de sel par tête et par repas.

Les tourteaux employés sont ceux de coprahs et de gluten de maïs, mélangés en parties égales après passage au brise-tourteaux; ce mélange donne de meilleurs résultats que le tourteau de coprahs seul et il revient moins cher que le tourteau de gluten de maïs. Pour augmenter la digestibilité de ces aliments, on les humecte d'eau, le matin pour le soir et le soir pour le matin; on les distribue dans de petits baquets particuliers à chaque animal, pour bien donner la quantité voulue.

Avec une alimentation semblable, rationnelle de tous points et économique, puisque l'extérieur ne fournit que quelques aliments concentrés, les vaches sont dans d'excellentes conditions pour donner leur maximum de bénéfices; les résultats économiques relevés à la fin de cette étude montreront qu'elles n'y ont pas manqué.

V. *Litières.* — Les animaux reçoivent, comme litière, la paille récoltée sur la propriété, à raison d'environ 4 kilogrammes par jour; cette quantité est distribuée en deux fois, après l'enlèvement du fumier. Tous les matins, avant la première distribution de litière, on répand sous les animaux 4 kilogrammes de sulfate de fer pour toute l'étable, soit à peu près 100 grammes par animal. L'emploi du sulfate de fer est très contesté et même blâmé par la presque unanimité des auteurs modernes; mais il nous faut reconnaître qu'ici nous nous trouvons dans des conditions qui justifient son emploi.

Il a pour but d'enlever les odeurs, quelquefois très fortes, que répandent à la fois le fumier et les aliments distribués, surtout l'ensilage; cette suppression est absolument nécessaire, car on sait que le lait prend les odeurs ambiantes avec une remarquable facilité. C'est même à la suite d'une désagréable vérification de ce fait que M. Boi fut amené à employer le sulfate de fer; s'étant absenté quelques jours alors qu'on distribuait de l'ensilage, — c'était pendant l'hiver, — un vacher peu soigneux ayant laissé les seaux à traire dans l'étable, les clients se plaignirent de l'odeur et même du goût du lait. Il fut facilement reconnu que l'ensilage était le seul coupable; depuis lors, le sulfate de fer est employé, «et, dit M. Boi, quand bien même son action sur le fumier serait plus nuisible encore qu'on ne le dit, je n'en cesserais pas l'emploi, le lait ayant, pour moi, beaucoup plus d'importance que le fumier». D'ailleurs, pour éviter plus facilement tout accident, M. Boi fait de l'ensilage doux, le plus doux possible, dont l'odeur n'a aucun des inconvénients de celle de l'ensilage acide.

VI. *Entretien du fumier.* — Sorties de la vacherie dans les caisses dont j'ai parlé, conduites sur la voie Decauville, auprès de la plate-forme située à une extrémité de la vacherie, les litières sont étendues en couches régulières sur le tas. Les tas de fumiers sont au nombre de deux et reposent sur des plates-formes bétonnées, entourées d'un petit canal qui reçoit les eaux d'égouttement; sous ces plates-formes est construite la fosse à purin. Les parois du tas sont maintenues bien verticales et énergiquement tassées; des arrosages fréquents empêchent toute déperdition d'azote; l'excès de purin se rend dans des fosses, sur de la terre qu'il transforme en un excellent terreau.

En opérant ainsi, on obtient un fumier excellent, sans aucune trace de blanc, qui permet de fumer un même champ tous les deux ans à raison de 40,000 kilogrammes à l'hectare. Il n'est employé comme autre engrais que du superphosphate — environ 10,000 kilogrammes par an — et quelque peu de sulfate d'ammoniac sur des terres un peu trop épuisées.

VII. *Main-d'œuvre de la vacherie.* — La main-d'œuvre est assurée par une seule famille, comprenant trois hommes et une femme; elle s'occupe de toutes les manipulations relatives à la vacherie : coupe des fourrages, traite, enlèvement des litières, livraison du lait, etc... Le travail commence vers 2 heures du matin; tout le monde trait, et à 4 heures un des hommes conduit le lait à Toulouse, où il arrive vers 5 heures. Pendant ce temps, les trois personnes restées à la vacherie donnent à manger, enlèvent les litières et les portent au fumier. Vers 10 heures le vacher est de retour de Toulouse; la famille déjeune, puis s'occupe de préparer les aliments : couper le fourrage en été, briser le tourteau, passer les betteraves ou les navets au coupe-racines, nourrir les veaux.

A 2 heures de l'après-midi la traite recommence, puis le voyage à Toulouse, la distribution des aliments, l'enlèvement des litières, le nettoyage. A 8 heures du soir tout est terminé.

Avant chaque traite on a bien soin de brosser les animaux et de laver le pis, pour n'avoir aucune impureté dans le lait, qui est simplement tamisé et versé dans les pots à lait. Après chaque traite, tous les pots sont soigneusement lavés à l'eau chaude et aux cristaux de soude, puis rincés à l'eau froide, pour qu'il ne puisse rester aucun germe mauvais adhérent aux parois.

Presque toujours, le débit du lait est moins considérable le soir que le matin; il faut donc garder une partie de la traite du soir pour le lendemain. En hiver, cela ne souffre aucune difficulté, mais en été la conservation est très difficile; on procède alors très simplement à la pasteurisation du lait restant de la manière suivante : le lait est versé dans des pots qui sont plongés dans une marmite remplie d'eau que l'on porte à 75 degrés; on maintient cette température environ une demi-heure, et refroidit immédiatement; la conservation est absolument parfaite jusqu'au lendemain. M. Boi a songé à stériliser complètement ce lait, mais la question n'étant pas complètement étudiée au point de vue du placement des produits, — qui sont alors d'un prix beaucoup plus élevé, — l'idée est, pour le moment, abandonnée, après quelques essais au pasteurisateur Hignette.

VIII. *Assolement. Entretien des cultures.* — Pour arriver à nourrir au maximum tous les animaux de la vacherie et fournir toutes les litières, il a fallu combiner les cultures avec beaucoup de soin et ne laisser que très rarement la terre se reposer. L'assolement adopté est le suivant :

Betteraves.. 1re année.
Céréales... 2^e
Trèfle incarnat, avec maïs-fourrage dérobé............................ 3^e
Céréales... 4^e
Trèfle incarnat, avec maïs-fourrage dérobé............................ 5^e
Maïs pour grains, avec navets dérobés................................. 6^e

En adoptant cet assolement de six ans, M. Boi a été préoccupé :

1° De répartir la succession des récoltes de manière à utiliser constamment le travail des attelages afin de faire beaucoup avec peu ;

2° D'avoir toujours quelque champ libre pour recevoir le fumier et ne pas le laisser se décomposer dans la fosse ;

3° D'obtenir la plus grande masse de fourrage possible pour nourrir un nombreux bétail et avoir ainsi grosses fumures et grosses récoltes ;

4° D'assurer l'ameublissement et la propreté des terres.

Pour réduire le plus possible le nombre de ses attelages, M. Boi a adopté une méthode très intéressante ; je veux parler de l'attelage d'un bœuf seul pour certains travaux. Les labours profonds à 30/35 qui précèdent les betteraves et les labours ordinaires à 20/25 sont faits avec des bœufs en paire ; le travail est complété par le passage de la herse Howard et de l'écroûteuse Bojoc. Les terres, bien ameublées et bien divisées, sont soigneusement entretenues en cet état par des binages répétés à la houe Pilter, traînée par *un seul bœuf;* l'attelage au bœuf seul est encore employé pour les herses, les tombereaux, les rouleaux, le semoir, la faucheuse, la faucheuse combinée en moissonneuse, les râteaux. Ainsi utilisé, le travail du bœuf devient réellement beaucoup plus économique que celui du cheval ; la dépense d'alimentation journalière est moindre et le capital engagé moins élevé. Il y a dans cet emploi du bœuf seul une méthode d'attelage qu'on ne saurait trop recommander.

a. 1re sole : *Betteraves.* — Les betteraves sont faites sur labours profonds ; trois variétés sont semées : la blanche demi-sucrière, la rose demi-sucrière et la géante de Vauriac.

Pour pouvoir les comparer, on sème une ligne de chaque variété alternativement, de sorte que la même betterave revient toutes les trois lignes ; de cette façon, les influences relatives au sol, aux conditions de végétation, sont absolument identiques pour les trois variétés. Les semis sont faits en lignes écartées de 0 m. 75, ce qui est un peu fort ; on aurait certainement, d'après les expériences de M. Dehérain et de M. Garola, avantage à restreindre cette grande distance.

Je n'insiste pas sur les soins de culture, pour arriver de suite à la récolte. La rose demi-sucrière ne donne pas de très bons rendements et paraît devoir être abandonnée ici ; par contre la blanche donne d'excellents résultats et ses rendements dépassent même ceux que donne la géante de Vauriac; on arrive avec elle à obtenir 60.000 kilogrammes de racines très riches. Prochainement il est probable que, seule, la blanche demi-sucrière formera toutes les cultures de M. Boi.

Ces betteraves sont distribuées aux animaux réduites en cossettes et mélangées à de la paille pour former une provende qui, laissée à fermenter pendant un ou deux jours, donne un aliment d'une assimilation plus facile et d'un goût plus agréable.

b. 2ᵉ sole : *Céréales.* — Aux betteraves succède une céréale : blé, orge ou avoine. M. Boi emploie les variétés de pays auxquelles, pour le blé, il adjoint le riéti et le poulard d'Australie, qui doit être semé un peu tôt pour éviter l'échaudage.

c. 3ᵉ sole : *Trèfle incarnat. Maïs-fourrage dérobé.* — Cette sole est susceptible de changements : parfois, au lieu de trèfle incarnat, on sème des vesces alliées à de l'avoine dont la culture ne présente rien de particulier; d'autres années on fait une luzerne, qui reste quatre ou cinq ans en place et dont le produit est fané et conservé pour l'hiver.

Le trèfle incarnat (farouche, foin rouge) est semé sur le chaume, en un sol peu travaillé, et sur simple coup de houe; au printemps suivant, une partie de la récolte est consommée en vert et le reste est ensilé.

Le transport de la grande quantité de fourrage vert qui entrera dans le silo a été rendu très économique par l'emploi d'un rail Decauville. Ce rail est installé sur le côté de la route qui aboutit à la ferme; des voies mobiles permettent d'aboutir dans tous les champs. Avec trois groupes de deux fourragères, un en charge, un au déchargement et le troisième en route, on arrive à ne pas avoir d'interruptions dans le travail; si le champ était très éloigné, il suffirait, pour arriver au même résultat, d'avoir un ou deux groupes de fourragères de plus. Ce système demande fort peu de traction; un petit âne suffit, en effet, pour le transport de toutes les fourragères chargées à 500 kilogrammes chacune; il permet, en outre, de pénétrer dans les champs par des temps très humides, les rails ne s'enfonçant que très rarement dans la terre, en raison de leur grande surface de pose sur le sol.

Le silo, situé près de la vacherie, se compose d'un bâtiment fermé sur trois côtés seulement par des murs; le quatrième côté se ferme à l'aide de poutrelles de bois, que l'on met en place à mesure que l'ensilage s'élève. Le sol a une pente générale dans un seul sens, pour permettre au jus qui peut s'écouler d'arriver au dehors. Le fourrage est disposé par couches successives que l'on maintient concaves; dans l'intervalle de l'arrivée de deux chargements, le bord est piétiné de façon à le tasser énergiquement; le silo devient alors horizontal, **puis** concave au voyage suivant, puis horizontal, et ainsi de suite. Vers la fin, la conduite change; on maintient le silo très convexe; puis on le recouvre sur toute sa surface d'une couche de paille ou de mauvais fourrage et on le charge.

Le chargement est fait d'une façon qui mérite particulièrement d'être signalée. Autrefois, M. Boi chargeait son silo avec des pierres ou des cailloux, mais il était difficile d'obtenir une charge régulière, et quand on attaquait le silo par tranches verticales une partie des cailloux s'éboulait. Aujourd'hui, M. Boi emploie une brique rouge, appelée dans le pays *foranne à bâtir* et qui mesure 0 m. 42 × 0 m. 29 × 0 m. 05; elle pèse environ 10 kilogrammes, plutôt plus que moins. Voici comment le chargement s'effectue : une première rangée est placée, sur le côté o m. 42, tout autour des murs, en ayant bien soin de faire appliquer la brique contre la paroi, ce qui est assez facile en raison du bombement du silo; de place en place une pile de quatre ou cinq briques est superposée à cette première rangée pour augmenter la charge des bords. En opérant de cette façon, l'air ne peut pas pénétrer dans les bords et la perte de fourrage se trouve réduite au minimum; rien ou à peine 1 centimètre, ce qui ne vaut certes pas la peine d'être noté. Après ce premier rang on dispose les briques en rangées transversales, sur le côté de o m. 29; de place en place, toutes les dix ou quinze briques on place un petit tampon de paille ou de fourrage sec, qui permet d'amples mouvements au chargement, qui suit alors très intimement les dépressions de l'ensilage pendant le tassement.

La pression obtenue avec cette charge est de 600 à 650 kilogrammes par mètre carré; en calculant avec les dimensions indiquées plus haut pour la brique, on arriverait à un chiffre plus fort; mais les briques étant toujours un peu irrégulières, il ne peut guère en contenir que soixante au mètre carré.

Quant au prix de ce chargement, on peut compter qu'il atteint 11 fr. 50 à 12 francs pour 100 briques prises sur place. Mais il nous faut bien remarquer que si la foranne venait à ne plus être utilisée pour le silo, elle serait encore excellente pour bâtir; il n'y a donc dans cette couverture que l'intérêt du capital engagé à compter chaque année — avec un peu de casse — ce qui est peu de chose. Au reste, les résultats obtenus avec ce système ont été si satisfaisants que M. Eugène Mir, sénateur de l'Aude, toujours à la recherche des méthodes les plus pratiques, vient de faire couvrir cette année les importants silos de son domaine des Cheminières avec cette foranne à bâtir.

Immédiatement après la récolte de trèfle incarnat on laboure les champs. Le plus souvent la charrue, en raison de la sécheresse, ramène à la surface des mottes assez grosses; le passage d'une herse norvégienne et d'un rouleau derrière la charrue permet de très bien les pulvériser; au besoin, un coup de houe en travers complète le travail. Aussitôt le sol ameubli, on sème le maïs, en lignes écartées de o m. 75; les semis ne sont guère terminés avant la fin de juillet. A la récolte, le maïs est ensilé, les tiges sont mises entières dans le silo et couvertes de la même façon que le trèfle incarnat. Le transport se fait à l'aide de la voie Decauville et des fourragères. J'ai oublié de dire, en parlant de la betterave, que la récolte était transportée par le même système en employant, au lieu de fourragères, des caisses analogues à celles dont j'ai parlé pour le transport du fumier.

d. 6ᵉ SOLE : *Maïs pour grains et navets dérobés.* — La culture du maïs pour grains se fait suivant la méthode ordinaire; mais M. Boi estime qu'avec le maïs, il ne retire pas du sol tout ce qu'il est susceptible donner; aussi, avant le buttage — qui enfouit la graine — il sème des navets. Les variétés employées sont le navet Turneps et le navet de Norfolk; la rave d'Auvergne, essayée à plusieurs reprises, n'a pas donné de bons résultats. Le maïs, déjà développé, protège très bien les navets, sans gêner sensiblement leur croissance; une période un peu humide favorise naturellement leur développement et il n'est pas rare de rencontrer à l'automne des racines pesant 1 kilogramme, quelques-unes même arrivent à peser 2 à 3 kilogrammes avec leurs feuilles. La récolte — feuilles et racines sont distribuées après passage au coupe-racines — est faite au fur et à mesure des besoins et transportée à l'aide du Decauville; elle arrive toujours à fournir un supplément de ration pendant au moins un mois; une année, je crois que c'est en 1896, elle a pu entrer dans l'alimentation pendant trois mois et pour préserver la fin de la récolte des gelées, il a fallu l'ensiler. Étant donné le coût extrêmement minime de cette culture de navets, on voit que sa pratique est très économique et à recommander; si elle ne réussissait pas, ce qui n'est jamais arrivé ici, il n'y aurait que la semence de perdue.

Après le navet, les cultures se succèdent à nouveau dans l'ordre qui a été indiqué.

IX. *Résultats économiques. Conclusions.* — Les résultats économiques obtenus à Castanet sont excellents; le bénéfice, à l'hectare qui ressort de la comptabilité de l'exploitation, est de plus de 300 francs. Agriculteur distingué et sincère, M. Boi ne s'illusionne en aucune façon sur les opérations culturales qu'il entreprend, pas plus que sur la valeur de sa propriété; on peut tenir sa comptabilité comme absolument exacte, et le chiffre de 300 francs à l'hectare comme ne dépassant pas la réalité; d'ailleurs, les comptes sont là pour le vérifier. A une époque où l'agriculture subit un peu partout en France une crise violente, un bénéfice semblable est excellent et dépasse de beaucoup celui qui est obtenu par les agriculteurs des environs.

Comme conclusion, nous dirons que chaque fois que la vente du lait en nature est possible, l'exploitation des vaches laitières — à de rares exceptions près — peut devenir une source de revenus importants à la condition pour le cultivateur de s'organiser convenablement; on tâtonnera bien un peu, cela est certain, mais il est possible d'aboutir. L'exemple que je viens de citer est absolument démonstratif à cet égard.

Ed. Robert.

TABLE DES MATIÈRES.

I

RAPPORTS PRÉLIMINAIRES.

II

COMPTE RENDU DES SÉANCES.

SÉANCE DU 4 MAI 1901.

SÉANCE DU 6 MAI 1901.